NEW TECHNOLOGY THAT CHILDREN CAN UNDERSTAND

孩子也能懂的新科技

机器人

文 /〔美〕凯西·塞切里

图 /〔美〕莉娜·钱德霍克

译 / 汪昌健　李思遥

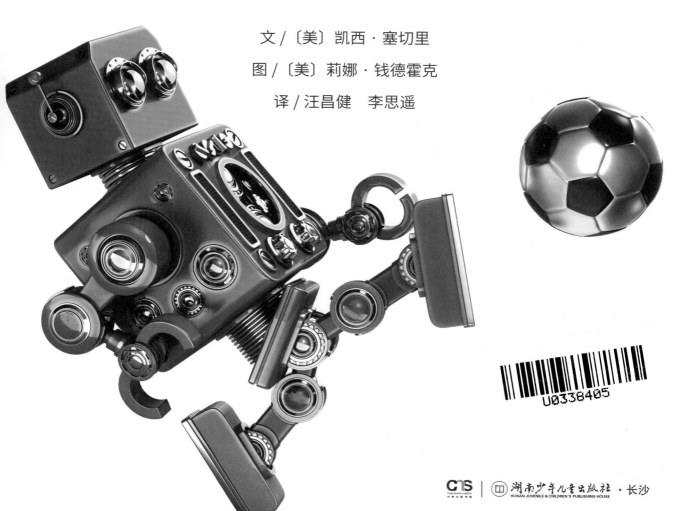

CTS
PUBLISHING & MEDIA
中南出版传媒

湖南少年儿童出版社 · 长沙
HUNAN JUVENILE & CHILDREN'S PUBLISHING HOUSE

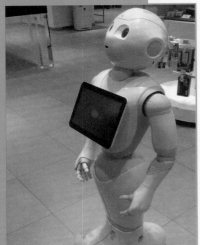

1464 年：意大利艺术家和发明家达·芬奇在他 12 岁时设计了一个机械骑士。

1834 年：英国数学家查尔斯·巴贝奇发明了一种称为"分析机"的机械计算器。

1842 年：英国数学家阿达·洛甫雷斯为查尔斯·巴贝奇发明的分析机设计了一个早期的计算机程序。

1921 年：捷克斯洛伐克作家卡雷尔·卡佩克在他的剧本《R.U.R》中首次提出"机器人"这个词。

1947 年：晶体管的发明使得小型、轻便、可移动的计算机和机器人成为可能。

1961 年：第一个在工厂使用的机器人 Unimate 被安装在通用汽车公司位于新泽西州的一家汽车工厂里。

1971 年：廉价、紧凑的微处理器使得人们在电子设备中增加计算功能成为可能。

1986 年：本田开始研发步行机器人，并于 2000 年发布第一代 ASIMO 机型。

1997 年：IBM 国际象棋机器人"深蓝"战胜了国际象棋大师加里·卡斯帕罗夫。

1999 年：直觉外科公司（Intuitive Surgical）推出达·芬奇外科手术系统，它能帮助外科医生使用微型手术工具开

展手术。

2002 年： iRobot 公司销售 Roomba 扫地机器人，这是第一个广泛流行的家用机器人。

2004 年： 美国宇航局（NASA）的"勇气号"（Spirit）和"机遇号"（Opportunity）火星车开始探索火星。

2010 年： 谷歌公司在加州对自动驾驶汽车进行道路测试。

2011 年： 日本大地震发生后，iRobot 公司的 PackBots 机器人被派到现场去调查已被洪水破坏的核电站。

2011 年： IBM 电脑沃森（Watson）在电视游戏节目"危险边缘"中击败了两位顶级人类玩家。

2012 年： 美国的医院开始对瘫痪病人使用动力外骨骼 ReWalk。

2013 年： 哈佛大学对外展示了他们的首款 RoboBee 机器人，这种集群飞行机器人被设计用于帮助农作物授粉、搜索和救援任务以及天气监测。

2019 年： 波士顿动力公司（Boston Dynamics）发布了面向家庭和办公室的 SpotMini 机器狗。它能够用它的蛇形脑袋开门和搬运物品。

目　录

机器人的世界

欢迎来到神奇的机器人世界！还记得《星球大战》《机器人总动员》和《超能陆战队》中的机器人吗？就在十几年前，人们设想的机器人普遍在书籍和电影中出现。今天，真实的机器人已经无处不在！

机器人会做许多不同的工作。工业机器人能够组装大型汽车，也能够组装微型计算机芯片。家用机器人会给地板吸尘，也会修整草坪。保安机器人可以在购物中心和超市中开展巡逻。自动驾驶汽车能够在城市里运送乘客和包裹。

有时，机器人也会承担一些危险的工作。配备高压水枪的消防机器人可以进入正在燃烧的建筑物内开展灭火，那里的温度对人而言是无法承受的。拆弹机器人在拆除炸弹时既能保护普通人，也能保护警察和军人。我们还会派机器人去探索海洋深处和外太空。

核心·问题

你想让机器人承担什么任务？

1

机器人

这个机器人，名为 Pepper，可以在商店、办公室、家庭和学校里帮忙工作。
图片来源：Tokumeigakarinoaoshima (CC BY 1.0)

但是，机器人并不只是为我们做那些危险的、精密的或者令人厌倦的工作。机器人玩具也可以与我们一起玩，听从我们的命令，并对我们的情绪做出反应。机器人宠物还可以在疗养院与人为伴。音乐机器人甚至可以为流行歌手伴奏。

机器人技术是设计、制造、控制和操控机器人的科学。

制造机器人需要运用到科学、技术、工程和数学等多个方面的知识，因此，我们需要多个不同领域的专家共同努力才能完成机器人的制造工作。他们中间有研究动植物的科学家，也有研究人类思维和行为方式的专家，还包括发明家、制造工人、设计师以及艺术家。事实上，已经有不少人意识到艺术对于制造机器人的重要性。

制造机器人也成为一种颇受欢迎的兴趣爱好。无论是孩子还是成年人都喜欢用工具箱中的或各处找到的零件来制造自己的机器人。许多有趣的机器人被机器人迷们制造出来，放在家里或机器人俱乐部里与人一起工作。

参加机器人竞赛的外国学生。

机器人也许就是一些机器，但是对很多人来说，他们的目标就是要制造出行为与人类一样的机器人。也许有一天，我们就会制造出看起来和人类几乎没有差别的机器人！

究竟，什么是机器人呢？

在你开始制作自己的机器人之前，让我们先了解一下什么是机器人。如果你去查词典，你会发现机器人被定义为一种外观和行为都很像人类的机器。这种描述可能更适合于电影中的机器人，因为在现实生活中，机器人有许多种式样。家用扫地机器人看起来就像一个巨大的冰球；而在工厂里，机器人可能就是一只机械臂；还有一些机器人会模仿汽车或昆虫的外形！

机器人

对大多数机器人专家来说，机器人是一种可以完成感知－思考－行动循环过程的机器。

·感知：从周围正在发生的事情中获取信息。

·思考：利用这些信息来选择下一步要采取的行动。

·行动：采取某种行动与外部世界互动。

为了完成感知－思考－行动，机器人至少需要有三种部件。传感器感知正在发生的事情，控制器对传感器感知到的事情做出反应，效应器则负责采取具体行动。机器人还可以有许多其他的部件，例如可以使机器人四处移

动的驱动系统，将各个部件组装在一起的机器人躯体。稍后你将了解到更多关于机器人组成部件的信息，你还能自己动手完成部分部件的制作！

安全第一！

在拆解任何装置之前，请先征得家长的同意，对一些难以打开的设备要寻求家长的帮助。如果你要拆解的装置包含电线，一定要先确保它没有插上电源，然后，让家长把电线剪断然后扔掉！

没有大脑，就没有身体

并非所有的机器人专家都同意用"感知－思考－行动"定义机器人。有些机器人专家认为机器人就是能够自主行动的机器。机器人甚至不需要大脑就能有令人称奇的接近真人的行为方式。有些机器人可以随机移动，而另一些机器人则能够对周围环境做出反应，这要归功于它们用智能材料制成的躯体，例如那些由一些带弹性的细线串联在一起的机器人，当这些细线以不同的速度振动时，它们就会带动机器人向不同的方向移动。这种具有可编程身体的机器人，能够根据其质量和形状以不同的方式移动。用能够挤压、拉伸或弯曲的材料制成的所谓的软体机器人通常就属于这一类。

机器人

要知道的词

计算机：一种存储和处理信息的电子设备。

微控制器：一种像微型计算机一样工作的非常小的装置。

计算机程序：告诉计算机如何执行指令的一系列步骤。

电路：当形成闭合回路时允许通过电流的路径。

越来越多的研究人员和爱好者开始对那些不需要通过计算机或微控制器控制的简单机器人表现出兴趣。它们比带控制器的机器人更便宜也更容易制造。它们可以被用作基本的机器人模型，帮助科学家来建造更为复杂的机器人。

机器人技术的另一个分支专注于创建人工智能(AI)。它们是一些可以理解人类语言并以自然方式反应的计算机程序。AI 使得我们与 iPhone 上的 Siri 或 Amazon Echo 上的 Alexa 进行对话成为可能。

它们并不像其他类型的机器人那样用它们的躯体在现实世界中完成某些动作，而是经常通过它们的能力让它们看起来更像是具有真实智能的。

制造你自己的机器人！

本书中的活动会向你展示如何找到解决棘手问题的创造性方案。你将用不同的材料进行实验，并设计新的机制。你将学习电子电路是如何工作的，甚至可以尝试一下简单的计算机编程。当你完成了本书设计的这些活动后，你将会拥有一些很酷的能够真正工作的机器人模型！

本书中的大多数活动不需要特殊的设备或工具，你可以使用以下普通工艺材料和从废旧品中搜集的零件。

工程设计过程

每个工程师都会使用一个笔记本来记录他们的想法和在工程设计过程中的步骤。当你阅读本书并按步骤参与活动时，请将你的观察结果、数据和设计方案都组织在如下图所示的设计工作表中。在参与活动的过程中，请记住着手项目时没有标准答案或标准方法。请创新你的解决方案，玩得开心哦！

目标：你正试图解决什么问题呢？

研究：你有什么有助于这个问题解决的方法吗？你从中能学到什么？

问题：解决该问题对设备有什么特殊要求吗？例如，选用的车辆必须能够在一定的时间内行进一定的距离。

头脑风暴：你会尝试新的设计方案或制作材料吗？让我们尽情发挥吧！

原型：选择一个能够实践的想法并构建一个模型。

实验：对你的原型进行测试并记录你的观察结果。

迭代优化：使用测试结果来改进和优化你的想法！重复上述步骤尽可能创建最优的解决方案！

自己寻找零件动手制作简单的机器人模型并不难，而且无须花费大量资金。

回收玩具和家用设备：你可能会在家里、车辆拍卖现场、二手货店找到许多废旧物品，它们中间会有你可以取来重复利用的马达、开关、电线、电

机器人

池、LED 灯泡、油管和电泵等。寻找废旧的遥控汽车、无人机、CD 机或 DVD 机，以及那些具有亮灯、播放音乐或录音功能的其他玩具和设备。

对于机器人的身体、手臂和腿，可以尝试使用木制的、金属的或塑料的建筑构件，例如建筑拼装玩具和乐高积木。旧容器、瓶盖、罐盖、CD 光盘以及杯托等可用于制作机器人的轮子。我们能在旧洋娃娃、毛绒玩具或其他非电子玩具中增加电子设备，你还能在播放音乐的贺卡中找到可供使用的微型扬声器。

硬纸板箱、塑料容器、泡沫芯板，甚至木屑都可以被用来制作成机器人的身体。用竹串、拉链、扎带、剪贴簿、胶带、泡沫胶带和热熔胶等将它们粘在一起；使用铝箔胶带（或普通铝箔）和旧电线制作电路；用木制珠子、小木块、清洁管、铅笔，以及其他家庭和办公室用品，改变机器人的质量分布，或者为你的机器人增添一些个性元素。

机器人技术和生物工程

机器人技术在生物工程里的运用能帮助人类过上更好的生活。例如，e-NABLE 项目将失去部分或全部双手的儿童与 3D 打印机技术联系起来，免费为他们定制假肢。如果想使机械手握紧或张开，孩子们只需要弯曲他们的手腕或手肘。这个项目由罗切斯特理工学院的 Jon Schul 教授于 2013 年启动，时至今日全世界已有成千上万的人从中受益。

你可以在很多地方找到相关物品！

折扣店：寻找小而便宜的太阳能花园灯、手持式电风扇、电动牙刷、收音机、计算器、能发声的玩具和能发光的珠宝。这些折扣店也是购买便宜工具的好地方，例如小螺丝刀和钢丝钳，以及可用于制作和装饰的工艺材料、派对用品和办公用品。

电子产品和特选商店：商店里有模型汽车、无人机和其他 DIY 电子零件，也会提供诸如太阳能电池板、电机、开关、电线和电池等用品。

机器人、科学和电子产品网站：可以在线查找机器人套件、电路板和微控制器。

准备好深入了解机器人了吗？让我们开始吧！

温馨提示

本书的每一部分都会从一个重要问题开始，以帮助、指导你对机器人技术的探索。请带着问题阅读每一部分内容，在每一部分的结尾，请用笔记本记录下你的想法和答案。

是机器人？
不是机器人？

你如何判断一台机器是否符合机器人感知－思考－行动的定义？一种方法是使用算法来对它进行测试。算法是要遵循的一系列步骤，它可以帮助你根据你回答某些问题的答案来做出决定。

算法可以通过图的形式来展示，这种图的形式称为流程图。流程图可以帮助你看清楚你需要遵循的步骤以及结果是什么。不同形状的框代表不同的操作。椭圆形的意思是"开始"或"结束"；菱形的决策块包含一个你必须要回答的问题；长方形处理块告诉你要采取什么操作；箭头会向你展示算法步骤的顺序。

在本活动中，你需要列出可能是机器人的各种不同类型机器的数据；然后，你把每台机器的数据都输入下一页的流程图中，以确定它是否满足感知－思考－行动的定义。

1. **在你的工程笔记本或你的计算机上，做一个四栏清单表。**在表中标记上"设备""传感器""控制器"和"效应器"四列。在"设备"列中，列出一些可能满足机器人定义的常见机器，例如以下这些。

* 电视机
* 自动车库门开启器
* 计算器
* 干衣机

* 超市自动门
* 电动牙刷
* 烟雾探测器
* 自动感应皂液机

2. **对于第一个设备，请关注清单表中"传感器"列。**写下它有些什么样的传感器。如果它没有任何传感器，标注"无"。对"控制器"和"效应器"列执行相同的操作。继续沿着设备列表向下，在每一行列填写答案。

要知道的词

算法：为了解决数学问题或完成计算机处理过程所遵循的一系列步骤。

3. **请从顶部的椭圆开始来使用流程图。**沿着箭头，使用你的列表中的数据回答菱形决策块中的问题。

尝试一下！

使用此流程图对你家和学校周围的其他设备进行测试。你能从你的答案中发现什么规律吗？

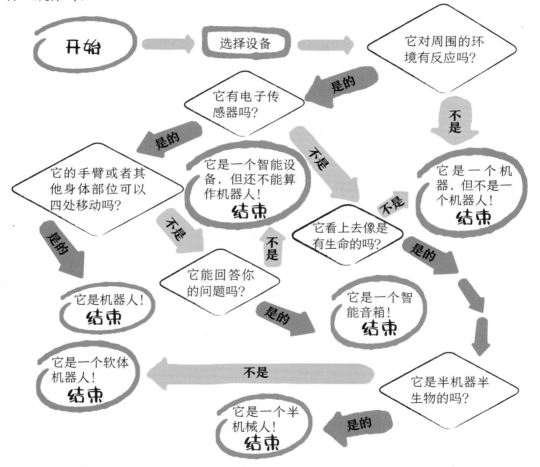

第一章

机器人技术的发展

人类从诞生之初就一直通过创造工具来辅助、简化工作。但是，直到20世纪中叶电子时代的到来，才使能够自主感知、思考和行动的机器人的出现成为可能。在那之前，已经出现一些为大众服务的可编程自动机械和其他机器，它们能比人类更方便、更快捷地完成工作。

早在公元前200年，一种使用风管和手拉绳的装置就可以让机械乐师为中国皇帝演奏出长笛和弦乐器的声音。一千多年后，当著名的意大利艺术家和发明家列奥纳多·达·芬奇还只有12岁时，他就设计了一个能够坐起身和移动手臂与头部的机械骑士。

核心·问题

你认为关于机器人的哪些发明对人类的帮助最大？

之后，大约在公元1555年，一位名叫贾内洛·托里亚诺的意大利钟表匠制造了一个女性外形的发条模型，她可以一边弹奏一种叫作琵琶琴的乐器一边转圈圈。今天，你还可以在奥地利维也纳的博物馆里看到这位弹琵琶琴的女士。

很快，发明家们又开始将自动化设备投入日常工作。1801年，约瑟夫·玛丽·雅卡尔制造了一台自动织布机，它可以通过打孔卡来设计在布上编织什么样的图案。

要知道的词

打孔卡：一种卡片，通过在卡片上打孔来向机器或计算机提供指令。

无线电发射机：无线电设备中用来发送信号的部分。

提花织布机。你可以在其中看到那些控制织布机编织图案的打孔卡。

1898年，电气先驱尼古拉·特斯拉在纽约展示了世界上的第一个遥控设备：一艘用无线电发射机控制的无人艇。

受自动织布机的启发，英国数学家查尔斯·巴贝奇在他设计的一种机械计算器——分析机中也使用了打孔卡。他的同事阿达·洛甫雷斯夫人则设计了一系列操作步骤，使分析机能够解决某些数学问题。她的工作成果被认为是世界上第一个计算机程序。

机器人

对由计算机控制的机器人的研究开始于二战之后。1948 年，数学家诺伯特·维纳写了一本名为《控制论》的书，他在书中对比了人和机器的工作方式。他发现，人和机器在决策和行动的过程中都使用了反馈、通信和控制等操作。

1950 年，计算机科学家艾伦·图灵提出了著名的图灵测试，通过它来评判一台机器能否像人类一样思考。为了通过测试，计算机必须让人们相信他们正和一个真正的人在交谈。

2006 年，在印度的一个大学科技节上举行的机器人足球比赛。
图片来源：Sancho McCann, flickr.com/photos/sanchom/502378257/in/photolist–LoPy6–LoCsh–LoPxt

今天，人们可以采用许多不同的方式制作、研究和使用机器人。在家里，人们使用机器人来辅助他们的日常生活。研究人员还开发了可用于军事和科学探索的加固耐用型机器人。机器人爱好者和艺术家们则用工艺品，甚至是回收再利用的设备亲手制造机器人，让它们更有创意。商业人士与工程师开展合作，让机器人价格更加低廉，功能也更加实用，以便更多的人和公司愿意购买它们。

家中的机器人

2002 年 Roomba 扫地机器人首次出现在商场里，一年左右它的销量竟超过了 100 万台，成为第一个广泛流行的家用机器人。

其他较为常见的家用机器人有割草机器人、拖地机器人和游泳池清洁机器人等。机器人发明者声称最新的机器人能够给孩子们整理凌乱的房间，或者在猫上完厕所后自动清理猫砂盒。

Roomba 扫地机器人一推出，就有智能硬件爱好者尝试着要破解它，看能否对扫地机器人进行重新编程以增加新功能。为了方便这群用户，其生产公司又推出了 CREATE 系列学习型机器人，这是一种允许用户改造其功能的扫地机器人。

智能服装和可穿戴技术

可穿戴技术指将装有机器人微组件的"智能设备"融入我们可穿戴的衣服或饰品上的技术，这些组件包含传感器、处理器和无线电发射器等。例如，Fitbit 腕带可以追踪你的活动、运动、睡眠，以及体重。控制器板，如 LilyPad、Arduino 甚至可以用来制作可穿戴机器人！LilyPad 由前麻省理工学院教授利亚·布赫利发明，它会被用来制造电子织物，比如制造在舞台上表演灯光舞时穿的衣服，或者忘记带钥匙时就会闪烁的挎包，等。

机器人

你体验过真正的智能家居吗？智能家居系统也可以认为是一种机器人，因为它也能通过编程来对内外环境做出反应。比尔·盖茨是大型计算机企业——微软的创始人，他在 1997 年创建了一个智能家居系统，可以根据房间里人的情况来调节灯光、温度和播放音乐等。

今天，即便你不在家里，物联网（IOT）也可以随时让你了解并控制你的房子里发生的事情。物联网设备包括带有安保摄像头的门铃、根据光线明暗程度开合的窗户和窗帘，以及能够向你的手机发送警报的洗衣机，等。

机器人玩具

机器人组件以及玩具并不仅仅是给孩子们准备的。成年机器人爱好者和机器人研究人员也会使用它们来简便快速地制作机器人原型。乐高头脑风暴（Lego Mindstorms）机器人发明系统是早期的可编程机器人组件之一。该系统采用了麻省理工学院开发的一种简单的计算机程序。由于机器人都是用乐高提供的组件拼接的，所以不需要任何工具或电线。使用金属零部件拼接在一起的各色乐高机器人如今已被学生们用于各种机器人比赛。

许多可交互的玩具也被称为"真正的"机器人。其中就包括菲比精灵，一种毛茸茸的团状卡通电子玩具，于 1998 年首次问世。当你挠它、捏它，

菲比精灵。

或者摇晃它时，它就会通过眨眼睛、摇动大耳朵来回应你。它会用自己的语言——菲比语说话，但是随着人类拥有它的时间越来越长，与它的交流越多，它也学会了英文和中文两种语言。

Anki 公司的 Cozmo 机器人看起来像是一个微型推土机，它的面部是一块电子显示器。Cozmo 的内置摄像头可以用于人脸识别，它还能与人交谈。Sphero 公司的 Star Wars BB-8 Droid（简称 BB-8）是一种球形机器人，它首次现身是在电影《星球大战》中。这种玩具机器人具有适应用户玩娃娃方式的能力，它甚至会在观看《星球大战》系列电影时做出一些有趣的反应。

> Cozmo 和 BB-8 机器人都可以通过配套的智能手机应用程序进行编程。

让音乐响起

研究人员使用深度学习技术来制造可以创作音乐的机器人。在乔治亚理工学院音乐技术中心，研究人员利用程序为一个名为希蒙的机器人编制了不同风格的音乐，从古典音乐到爵士乐；然后，希蒙就可以用木琴演奏这些歌曲。

艺术机器人

机器人也可以通过编程来创造艺术。2018 年，机器人艺术比赛收到了来自世界各地的近 20 支团队的 100 多个机器人创作的参赛作品。获胜者是平达·范·阿尔曼开发的一台名为"云画家"的机器，该机器可以用计算机中的图像以及它自己用摄像头拍摄的照片绘制肖像。云画家有一条机械臂，上面装了 3D 打印画笔支架——"手指"。它

机器人

要知道的词

动力外骨骼：一种"机器人外套"，穿上它可以给人带来附加的力量。

通过人工智能技术将一个人的面部图像与一个真人画家的作品融合起来，从而完成原创作品的创作。

机器人本身也可以成为艺术品。阿什利·牛顿发明的一个名为 Neuroflowers 的机器人看起来像一个巨大的、透明的塑料花，它可以实现亮灯、变色、开合花瓣等。2015 年，在加州旧金山的一个展览上，参观者将与之交互的设备附着在自己的身体上，通过他们的脑电波和心跳来控制 Neuroflowers 的动作。

亨利·梅拉代特在 1810 年左右制造的一台自动工作装置，在宾夕法尼亚州费城的富兰克林研究所展出。它看起来像一个穿着小丑服装的男孩，但是可以画画和用法语与英语作诗。

医疗机器人

在医院里，机器人可以做很多事情，如到病人的房间送药，帮助医生做外科手术。

达·芬奇外科手术系统帮助外科医生操作微型手术工具，可以让病人的切口更小，这样病人就可以更快地痊愈。这台机器有四只手臂，与人的手臂相比，它能向更多的方向转动。一名医生通过一个 3D 高分辨率影像系统就可以清晰地看到手术区域的情况，并通过操作设备的主控器来控制这台机器。

机器人也可以帮助患者更好地生活。以色列阿尔戈医疗技术公司的轮椅使用者阿米特·戈弗尔开发了 ReWalk 动力外骨骼，它可以帮助瘫痪者站立和行走。利用绑在用户腿上的电动支架，当用户向前或向后倾倒时，ReWalk 动力外骨骼就会即时调整状态，帮助用户控制好身体。

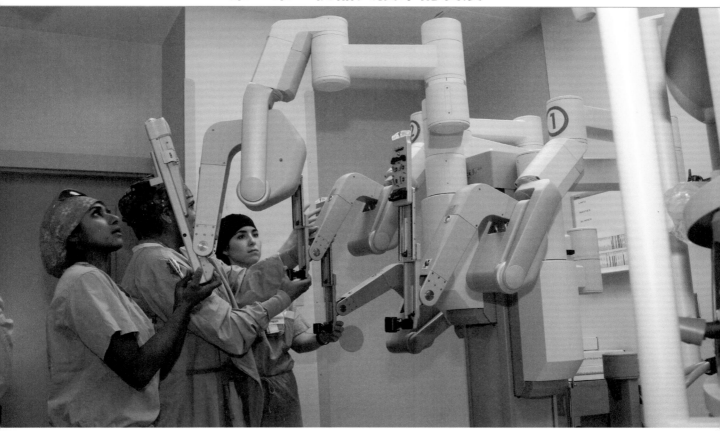

医护人员在查看达·芬奇外科手术系统。

图片来源：Mr. Jeff L Troth (Army Medicine)

迪恩·卡门

　　发明家迪恩·卡门被认为是学生机器人比赛的创始人。他着手发明的初衷是想帮助解决一些医疗上的问题。1976 年，他发明了一种可以佩戴在病人身上的机器人注射器。该设备会在病人有需要的时候自动给他们注射药品。他还发明了赛格威（Segway）平衡车，它使用机器人传感器控制平衡，即使在不运动时也能保持平衡。这种平衡车非常受警察、保安和游客的欢迎。

机器人

工业机器人

汽车工厂和其他企业会使用机器人去完成各类普通工人做不到或者不想做的事，如一些环境脏、危险或者实施困难的工作。第一个工业机器人Unimate 其实只是一个机械臂，1961 年它被用于新泽西州的一家通用汽车工厂的生产线。

今天，汽车上已经能够找到许多机器人才有的特征。2006 年，雷克萨斯推出了一个高级停车引导系统，可以让汽车实现自动泊车，车轮上的传感器能通过声波来测算它的四周还有多少空间。

2010 款丰田普锐斯是一款混合动力汽车，它的计算机可以自动将引擎从汽油驱动转换为电力驱动，同时，它也具备自动泊车的功能。

制造精密计算机部件的工厂也会使用机器人，因为它们不会携带灰尘进

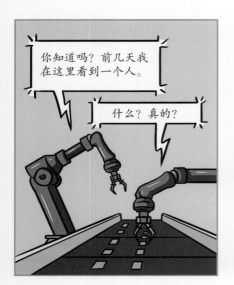
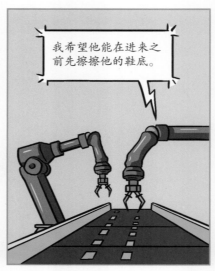
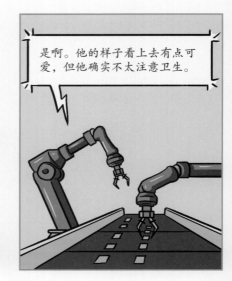

入无尘室。负责挑选和摆放的机器人会先从装配线上的一个地方取得材料，然后再将它们搬移到其他地方。它们可以长时间工作且不会感到疲惫，这也意味着它们不会像普通工人那样因为疲惫而出现操作上的错误。

今天的机械臂能够使用等离子焊枪来切割金属片。

军事应用和灾害响应

在军事中使用遥控机器人正变得越来越重要。无人机可以被地球另一端的操控员利用键盘和操纵杆操控。传感器和其他机载电子设备可以帮助无人机自主飞行，操控员只需要专注于确认无人机去哪里和做什么。

在地面上，军事机器人可以被用来拆除炸弹，或对危险区域进行探查。有些机器人看上去很像微型坦克，可以装配机关枪或者投掷一些危害性小的武器，如手雷、烟幕弹等。

这个机器人是美国陆军重要的帮手。

机器人

一个名为 TALON 的机器人可以爬楼梯，越过岩石堆和带刺的铁丝网，在雪地里犁地，甚至可以在水下短距离潜行；它的传感器还可以探测爆炸物、有毒气体、有害辐射等。

2018 年，意大利研究人员开发了一种名为 Centauro 的改进型的灾难响应机器人。它看起来像神话传说中的半人马，下半身像马，上半身像人，能够爬楼梯和使用常规工具。它可以由穿着遥感操作套装的人通过使用增强现实技术（AR）来控制。

地球探测机器人

科学家们利用机器人来探索人无法到达的区域，但这是一项危险的工作，即使对机器人来说也是如此！ 1993 年，卡内基梅隆大学的研究人员在探索南极洲的一座火山时，一个名叫 Dante 的八条腿机器人不慎掉了进去。次年，这群研究人员和 Dante 二号开启了新的探索，这次他们的目的地是阿拉斯加的一座火山。这类机器人能从火山口发回重要的火山数据。

从 1996 年到 2010 年，一个名为 ABE 的水下机器人帮助伍兹霍尔海洋研究所的科学家们对海洋的深度进行探测，直至它消失在海洋里。ABE 可以下潜到深海 4.2 千米以上的地方，并且无须与其他船只或者潜水艇连接。这意味着 ABE 比其他深海研究工具工作效率更高、成本更低，可工作的范围更广。

在 ABE 的帮助下，科学家们地图标注和拍摄了许多深海热液喷口和海底火山，并精准定位了它们的位置。它还能够通过采集地磁数据来帮助科学家了解地壳是如何形成的。伍兹霍尔的科学家们现在使用的是名为 Sentry 的机器人，它比 ABE 工作效率更高、下潜得也更深。

火星上的水

火星车"勇气号"因为一个损坏的轮子而获得了它的最大发现。2007 年，科学家从"勇气号"破碎的轮子上刮下了一些明亮的白色盐物质。据推测，它很可能是海洋或池塘被蒸干后的残留物。对科学家来说，这就是猜想火星上存在生命的有力证据。

太空机器人

在科幻小说和现实生活中，机器人和外太空总是联系在一起。1997 年，美国宇航局派遣火星车"旅居者号"前往火星执行"探路者"任务。这个太阳能机器人发回了火星的照片，并对火星上的岩石和土壤的化学成分进行了分析。

美国宇航局的火星车"勇气号"和"机遇号"于 2004 年登陆火星。虽然预计只持续工作 90 天，但"勇气号"一直工作到 2010 年，"机遇号"则一直保持工作，直到火星上的一场沙尘暴破坏了它的太阳能充电系统。美国宇航局的科学家于 2019 年 1 月无奈宣布"机遇号"已经"死亡"。"机遇号"火星车的工作时间比预期的长了 15 年，也创下了火星车在另一颗行星上行进最长距离的纪录。

2012 年，美国宇航局又发射了一个更大更先进的火星车"好奇号"。

机器人

美国宇航局的新火星车"Mars 2020 Rover"也是借鉴了"好奇号"火星车的设计。"好奇号"大约有一辆小汽车那么大，配备了用来采集岩石样本的钻头。它的任务是寻找曾经的生命迹象，并对能够帮助未来宇航员探索火星的新技术进行测试。

除此之外，不少机器人正在围绕地球轨道运行的国际空间站上服役。自 2001 年以来，由加拿大航天局建造的加拿大臂 2（Canadarm2）机械臂就一直在帮助国际空间站的宇航员们搬移大型物体，以及开展舱外维修和实验活动等。机器宇航员 2 号（Robonaut2）是太空中第一个类人机器人，它于 2011 年在国际空间站上被启用。机器宇航员 2 号是在汽车制造商通用汽车公司的帮助下开发的，它最初的形态只有一个头、一个身体和两只手臂。

机械手臂需要脸吗？智能家居需要腿吗？事实上，机器人的工作内容决定了它的外观，也就是它的外壳。我们将在下一章中更加深入地了解不同类型机器人的外壳！

"好奇号"火星车在火星上的照片。
图片来源：NASA/JPL–Caltech/MSSS

艺术
无所不在！

振动机器通常没有大脑，但它可以被设计得好像有大脑一样！电机可以带动重物旋转，使其摇晃、抖动和跳跃。通过振动机器来控制平衡的方式，我们可以制作一个艺术机器人。你的艺术机器人可以让你看到它是如何移动的，因为它的腿就是标记物。把艺术机器人放在一张纸上，它会快速移动，并且边走边画。

安全提示： 请在大人的帮助下使用热胶枪。

1. **如果你的电机没有连接电线，请使用剪钳切割两段约 15 厘米的电线。** 从电线两端去除大约 1 厘米的绝缘层，使内部金属暴露出来。在电机输出的每个金属端子上都连接上一根电线，使金属与金属接触。然后，用胶带固定。

2. **通过将电线的另一端接到电池端部来测试电机。** 如果连接良好，电机轴将会开始转动。

3. **把杯子倒过来。** 用电工胶带将电机固定到杯子的底部，使电线从两侧伸出。电机轴伸出杯子的侧面。

4. **将一根橡胶带绕在电池上，覆盖电池两端。** 在电池中部缠绕橡胶带，将橡胶带固定住。使用电工胶带将电池连接到电机旁边。用更多的电工胶带缠绕帮助固定电池。

下一页继续……

工具箱！

- 小型直流电机（1.5 伏），最好配有电线
- 绝缘电线
- 电工胶带
- AA 电池
- 纸杯、塑料杯、泡沫杯，或者轻质回收容器
- 短宽橡胶带
- 软木塞
- 4 支记号笔
- 装饰物（可选）
- 热胶枪
- 硬纸板箱盖或大张纸

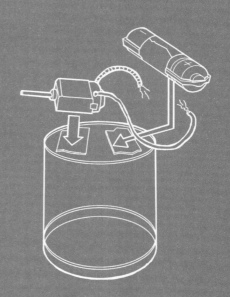

5. 将电线的末端粘在橡胶带下。
确保裸线接触到电池的金属端。此时，电机轴应该开始转动。如果没有转动，请左右移动电线，直到电机转动为止。通过取放其中的一根电线来关闭和打开电机。用胶带将另一根电线固定。

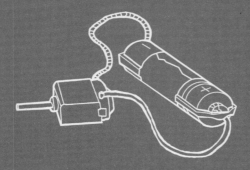

6. 将软木塞插入电机轴，制造一个使杯子会晃动的不平衡砝码。 请使用热胶枪将工艺棒或小木块、珠子等物品粘贴在软木塞上，以调整艺术机器人的振动方式。确保软木塞上粘贴的物品的质量分布是不均匀的。如果软木塞在工作时掉落，那么就在电机轴插入软木塞的孔中挤一点热熔胶水进去。

7. 将记号笔靠在杯子内侧面做成"腿"，笔尖向下。 将 4 支记号笔对齐。用两条胶带将它们等间距固定在杯子的内侧。

8. 装饰一下你的机器人！ 请记住，你增加的质量会改变艺术机器人的移动方式。

9. 在一张大纸上测试你的艺术机器人。 它做了什么？它是如何创造艺术的？

故障排除提示

❯ 检查电线的金属端是否接触到电池的金属端。

❯ 如果电线、电池或电机摇晃时发生松动，请增加更多胶带！

❯ 确保旋转的电机轴、软木塞和连接到它们的任何物体都不会与其他任何物体发生摩擦。

❯ 要改变艺术机器人的移动方式或使其变得更轻，可以移除一些装饰物或者调整它们的位置。

第二章

机器人的外形与工作

小到显微医疗机器人，大到大型自动起重机器人，机器人几乎包括了你能想到的各种形状和大小。而且制成它们的材料很广泛，如弹性橡胶和坚硬的钢材。

机器人设计师必须确定哪种材料最适合他们想要制造的机器人。机器人是否需要很大的质量才能承受冲击？它是否应该尽可能轻便从而节省移动时耗费的能量？它是否必须足够结实才能承受沉重的负荷？还是说它应该足够柔韧才能进行大幅度的弯折？你们还可以思考一下，机器人是否需要一个坚固耐用的金属或塑料框架以及外壳以便其在极端条件下工作。

核心·问题

机器人的身体是如何帮助它完成工作的呢？

许多应用于工业、军事和科研领域的机器人看起来就像是日常使用的工具或交通工具一样。

机器人

要知道的词

社交机器人：一种被设计成以接近真实生活状态的方式与人类交谈、一起玩耍或工作的机器人。

纳米机器人：一种微型机器人，由于尺寸太小，必须通过显微镜才能看见。

恐怖谷：当机器人看起来几乎和真人无异的时候，它就会变得奇怪而可怕。

模块化：机器人既可以单独工作，也可以以不同的方式连接起来形成一个更大的机器人。

电磁铁：一种可以用电开启和关闭的磁铁。

机器人玩具和社交机器人通常看起来就像是填充动物或各种友好的、虚构的生物。无人机则类似于微型直升机，类人机器人看起来比较接近真人。但是，无论机器人看起来像什么样子，它的外表都是很重要的，因为它的身体决定了它能承担什么工作。

大机器人，小机器人

机器人在大小和力量上的差别是很大的。例如，巨大的农用自动驾驶拖拉机会在 GPS 的引导下，不分昼夜地穿行在广阔的田野。它们的传感器会实时监测土壤的湿度，并避开现场的障碍物。还有一个名叫半自动梅森（简称 SAM）的筑墙机器人，它可以利用传送带和机械臂在一天内砌完 3 000 块砖。

纳米机器人是一些体积非常小且需要通过显微镜才能看到的机器人。在 2009 年的机器人杯比赛中，纳米机器人被安排在一个米粒大小的"体育场"里踢足球。

有一类小型机器人群，它们像蚁丘里的蚂蚁一样在一起工作，人们称之为蜂群机器人。和真正的昆虫类似，成群的机器人并不需要过多的操控，它们会跟随群组中的核心成员，知道该向哪里移动，该做些什么。

2018 年，亚利桑那州立大学和中国的一个科学家团队使用纳米机器人对小鼠体内的癌细胞进行攻击。

恐怖谷效应

你有没有注意到一些看起来逼真的机器人会令人毛骨悚然？根据科学家的说法，越像人类的机器人看起来越顺眼，但机器人的拟人度一旦过高，作为旁观者的人类往往会感到不舒服，甚至厌恶。他们将之称为恐怖谷效应。一些机器人制造商并不担心这个恐怖谷效应。Hanson Robotics 公司的艺术家兼工程师 David Hanson 曾为迪士尼设计卡通电子模型，他制造的类人机器人看起来就非常逼真。这些类人机器人可以用非常自然的方式交谈、微笑，甚至开玩笑。这要归功于人工智能大脑和一种名为 Frubber 的特殊人造皮肤。

2011 年，哈佛大学的一个研究团队开发了 Kilobot 机器人，这是一种大约 1 元硬币大小的廉价振动机器人。Kilobot 机器人可以通过传感器感知它附近的同类机器人，通过编程它们能够组成超过 1 000 个单元的 Kilobot 机器人集群。研究人员利用 Kilobot 机器人集群模拟大机器人的集群，测试大机器人如何才能做到协同工作，从而完成大型任务。

模块化机器人类似于蜂群机器人。它们中的每个个体都是一个可以与其他机器人进行通信并独立移动的机器人。模块化机器人也可以以不同的组合方式拼合在一起，组成一个更大的机器人。

宾夕法尼亚大学 ModLab 项目组开发的 SMORES-EP 机器人由带轮子的小积木块组成。SMORES-EP 是可以极端变形的自组装模块化机器人的代表。这些小积木块可以相互连接，也可以通过电磁铁的作用彼此脱离。SMORES-EP 机器人可以像现实生活中的变形金刚一样对自己进行重组，或者一边行进一边修复自己。它的这种能力会让完成太空任务或其他人类难以到达之处的作业变得更为方便。

机器人

机器动物

当机器人专家希望他们的机器表现得像真实的生物一样时，他们往往会借用大自然的力量。仿生机器人是基于动物、植物或其他生命形式研发的机器人。1995 年，麻省理工学院（MIT）的工程师们测试了他们的鱼形机器人 RoboTuna，这为他们今后设计自主微型潜艇提供了帮助。

机器人技术公司 Boston Dynamics 制造了一种四足机器人，它的外观和动作都很像真正的狗。2019 年，该公司发布了 SpotMini 机器狗，它有一个可以开合的蛇形脑袋。你会用你的机器人宠物做些什么呢？

一条来自 2010 年的机器鱼！
图片来源：Kuba Bozanowski (CC BY 2.0)

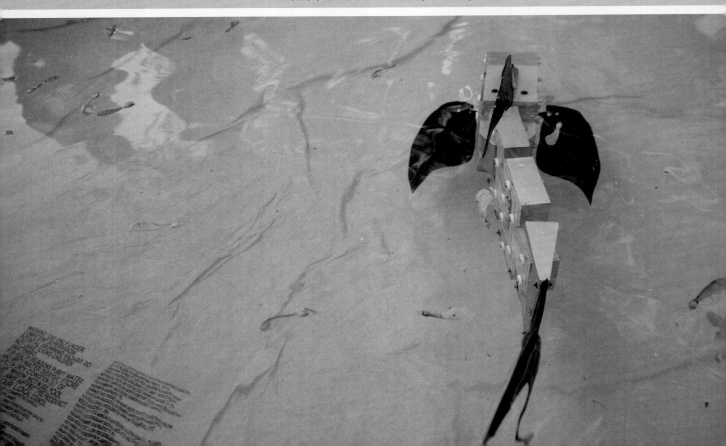

2018 年，麻省理工学院开发了一种名为 SoFi 的新型机器鱼，它使用了一种与真鱼相似的鱼鳔，它还能通过体内的一个装满了压缩空气的浮力罐来调节下潜深度，另外，它的强大液压制动器可以将水从一对内腔泵入和泵出，帮助其在水中游动。

日本东京大学的研究人员利用老鼠的活体肌肉组织制造了混合生物机械手指。这种肌肉组织由细胞生长而成，可以附着在金属和塑料制成的骨架上。电信号使肌肉带动手指弯曲或伸直。

　　许多仿生机器人看上去像小虫子。2007 年，美国国防部高级研究计划局（DARPA）要求科学家们研制出一种能够穿过狭小空间的软体机器人。其中一些机器人外观和动作看上去就像毛毛虫、尺蠖或蚯蚓一样。2013 年，哈佛大学展示了首款 RoboBee 机器人，这种集群飞行机器人被设计用于农作物授粉、搜索救援以及天气监测。

　　2008 年，在加州大学伯克利分校，研究人员设计了一个称为 Dash 的六条腿的微型机器人，它可以像蟑螂一样快速地掠过地面。研究人员把他们的

要知道的词

激光切割：使用激光切割机进行切割，激光切割机是一种可编程的机器，它使用聚焦的强光光束来烧穿木材、纸张、金属或其他材料。

设计变成了一个叫Kamigami的教育机器人玩具，其可以有不同的身体外观，包括瓢虫和蝎子。

Kamigami 机器人。
图片来源：Collision Conf (CC BY 2.0)

材料带来差异

机器人制造商通常用廉价且易于使用的日常材料来制造他们的原型机，这样，他们就可以对机器人进行快速修改和版本更新。机器蟑螂 Dash 就是用激光切割的硬纸板制成的。这使得 Dash 从楼顶坠落也能幸存下来。有些研究人员则利用 3D 打印机制作了 Dash 的塑料版本。

在 2018 年 Broadcom Masters 学生科学竞赛中，一个决赛选手的参赛机器人是一个由 PVC 水管制成的水下机器人。值得一提的是六年级学生杜安娜设计了一辆配有能够检测小塑料颗粒传感器的远程遥控车（ROV）。她的设计或许有一天能够帮助科学家清除海洋污染。

你想要一个真正轻便的机器人吗？那就给它充满空气！旧金山 Otherlab 公司的工程师索尔·格里菲斯用一个售价只有 5 美元的橡胶自行车管制作了一个充气机器人原型。他接着制造了一个气动机器人，这个机器人使用气动肌肉来行走和移动，气动肌肉可以根据需要填充和排出空气。有些版本的气动机器人个头够大且足够强壮，人类甚至可以骑在上面！

开发坚韧、柔软且灵敏度高的机器人皮肤是科学家面临的另一项挑战。2018 年，由加州斯坦福大学化学工程教授鲍哲南带领的一支科研团队展示了一种能够帮助机器人产生"触觉"的橡胶手套。橡胶手套指尖覆盖着柔软的电子皮肤（e-skin），电子皮肤包含有压力传感器，可以向机器人的大脑发送信号，它的工作模式类似于人体皮肤的神经系统。

> 当科研团队将电子皮肤手套覆盖在重型机器人手上时，机器人就能够只是用手指轻轻地戳在脆弱的山莓上，而不会因为用力过度而把它压扁了。

同年，耶鲁大学的研究人员发明了一种不同类型的电子皮肤，它覆盖在一些普通物体的表面，就可以将它们变成能够移动、抓取的机器人。在实验中，这种电子皮肤使泡沫管就像蛞蝓一样爬行，让填充玩具马开始走路。

既然我们已经清楚了机器人的形态以及制作材料会影响机器人承担什么工作，那么现在是时候进一步了解机器人是如何从事这些工作的了。

认识 RobotGrrl！

加拿大企业家艾琳·肯尼迪（Erin Kennedy）13 岁时就开始使用乐高公司的机器人模块来自己制造机器人了。很快她就受到网络关注，被人们称作"RobotGrrl"。2008 年，她把自己用泡沫塑料饮水杯制作的玩具振动机器人赚到的钱，支付了加州斯坦福大学人工智能暑期课程的费用。大学毕业后，艾琳的学习型机器人 RoboBrrd 在北美地区的创客制汇节"Maker Faires"大赛上获奖。艾琳用木制工艺棒、毛毡和羽毛等普通工艺材料设计了 RoboBrrd 的身体。

机器人实验平台

　　机器人爱好者和研究人员通常通过使用预先构建好的平台来节省机器人创新工作的时间。由于有了一个工作基础，尝试不同的部件和代码的效果会变得更加容易。有些工作会使用现成的完整的机器人身体，例如 Roomba-Create，它就是基于扫地机器人的设计。其他的一些工作则允许你加入自己的组件，如伺服电机和传感器。

　　对于一些项目，最好的（也是最有趣的）选择是构建属于你自己的工程！可以使用以下材料来设计你自己的基本的机器人身体。你也可以尝试使用不同的材料来制作本书中的其他机器人。一定要在你的机器人工作日志上拍照并记录下你的材料和设计方案，这样你就可以知道哪些是有效的，哪些是需要改进的。

身体

❯ 金属：回收易拉罐和金属容器。

❯ 发泡塑料：泡沫塑料杯或盘、回收的食品托盘或包装材料等。

❯ 纸或硬纸板：来自装运箱、谷类食品包装盒、牛奶箱的波纹纸板。

❯ 硬塑料：牛奶罐、食品容器、旧塑料玩具、DVD。

❯ 橡胶或柔软可拉伸塑料：充气玩具、气球、狗咬玩具、气泡膜包装。

❯ 木材：木制工艺棒、木筷子或烧烤串、油漆搅拌器、树枝。

❯ 柔软织物：填充动物玩具、毛毡。

❯ 车轮和齿轮。

❯ 机器人模块：乐高，柯乐思。

连接用品

❯ 胶水：热胶水、胶点。

❯ 条带：塑料拉链条、绑扎带、清洁管、电线。

❯ 胶带：透明胶带、电气胶带、泡沫胶带、管道胶带。

❯ 其他：回形针、活页夹、螺母和螺栓、曲头钉。

制作你自己的
机器人皮肤

当机器人专家们想要创造新型的软体机器人身体时，他们转向了化学。这种可食用的机器人材料是用甘油和明胶混合物制成的。在本项目中，也是将两者混合产生无毒的机器人材料。

安全提示：

处理热水或明胶时一定要小心——要请成年人帮忙。

不要吃你的机器人（或任何科学实验品）！如果要制作一个小样品来品尝，你只能使用食品级甘油，并将其单独放入一个干净的塑料杯中成型。

应避免衣服上沾上彩色明胶，因为它可能会将你的衣服染色。

1. **在可微波加热的容器中加入适当的甘油。**撒上 1 汤匙明胶粉并搅拌，然后用同样的方法加入其余的明胶。

2. **加入热水，搅拌至充分混合。**让它静置至少一个小时，直到凝固。

3. **在微波炉中重新加热混合物 5~10 秒，然后搅拌。**重复以上步骤，直到混合物变软且能流动。不要让混合物起泡或沸腾！

4. **将混合物在盘子或其他模具上倒一薄层。**再次静置几个小时或一夜，直到混合物变硬。将它从盘子或模具上剥下来。用力拉一下，看看你制作的皮肤有多么结实以及弹性如何！

尝试一下！

继续实验，增加实验的次数，改变每种成分的用量。对比你的实验方案，找出哪一种方案最有效。

驱动器：使机器人动起来

像人类一样，机器人需要能量才能工作。

如果它们的电量过低，机器人就需要休息和充电。

但是，又与人类不同，我不建议给机器人洗澡。

就和普通生物一样，机器人移动和"思考"也需要消耗能量。即使最早的自动机械也是需要动力的，只是它们的动力都是由人提供的。为了让这些自动机械动起来，人需要做的是举起重物、转动曲柄或上紧发条……到了今天，我们只需要用到电池。

电池是一种便携的能量"工厂"，它利用化学反应来产生电能。机器人使用的电池大小不一，种类繁多。电池中的电是如何产生的？一切都始于电路。

核心·问题

新能源如何帮助开发出更好的机器人？关于为机器人提供动力的方式，你有什么奇思妙想？

电路是什么？

原子是构成一般物质的最小单元。原子核是一个原子的核心，其中包含带有正（+）电荷的质子；围绕原子核的是一团带有负（−）电荷的电子。

带负电荷的粒子排斥其他带负电荷的粒子。但是，它们会吸引或被拉向带正电的粒子。因此，质子和电子会彼此吸引，同种粒子之间会相互排斥。

你是由原子组成的，你的椅子也是由原子组成的，你早餐吃的苹果还是由原子组成的。

电池可以用两种不同的金属组成它的电极，电极通常会插入一个装有酸液的容器中。酸是一种允许带电粒子四处移动的化学物质。电池中，一种金属会因为周围发生的化学反应略带负电荷，另一种金属会因为周围发生的化学反应略带正电荷。这样，电子可以通过酸液从带负电荷的金属移向带正电荷的金属。我们将这种电子的定向运动称为电流。

电路是由导电材料组成的路径，它允许电子在上面流动。这种电子流动也是我们常说的电流。

机器人

要知道的词

闭合电路：能够为电子的流动提供不间断通路的电路。

开路：有间断的电路，它会阻止电子的流动。

绝缘材料：能够减缓或阻止电子流动的材料。塑料、橡胶和纸都可以被用于制作绝缘电路。

开关：一种可以控制电路中电子流动的装置。

太阳能电池：能够将光能转换为电能的装置。

短路：电流不经过任何用电器，直接由正极经过导线流回负极，短路发生特别容易烧坏电源。

但是，即使将某一段电路连接到电池，电子也不一定会开始流动，除非电子有相应的去处。因此，我们通常会将电路连接成一个回路。当电子从电池的一端（或终端）流出后，它们就会穿过电路，然后回到电池的另一端，我们一般称其为闭合电路。开路是回路中存在缺口或者间隔，此时的电路状态会阻止电子的流动。

要顺利使用电力，你就必须控制好电子的流向以及让它何时流动。为此，整个电路通常会采用绝缘材料包裹，以防止电子流动过程中脱离电路；开关是一种控制电流的比较常见的工具，当断开开关时，电子就不能通过电路流过；当闭合开关时，电路就形成完整的环路，电源的电子开始流出。

太阳能电力

机器人的另一个电力来源是太阳。这也是早期火星探测器所使用的。太阳能电池的工作原理是利用太阳光将某种材料中的电子从原子中激发出来并使其定向运动。利用太阳能驱动的机器人需要一些特殊的电能存储系统，例如充电电池，这样即使机器人在没有光线的情况下也能工作。2017 年，帮助创造 Roomba 扫地机器人的乔·琼斯又开发了一种能够自主行动的太阳能园艺机器人（Tertill）。这款 Franklin Robotics 公司的机器人能够在花园里巡查并剪除杂草，它可以整季甚至整年地待在户外，风雨无阻，在无人操控的情况下自行工作。

当一块导电材料接触到电路中未做好绝缘的某个点，或者电池的两端相互连接而中间没有接入任何东西（如电机或灯泡）时，短路就会发生。无论是哪种类型的短路都会给你带来电击，甚至导致电路出现极其危险的过热情况，因此，你在自己制作电路时一定要小心！

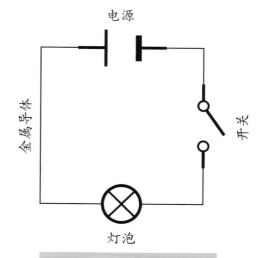

电路为灯泡供电的简图。

漫步海滩

为机器人提供动力最意想不到的方式之一也许是利用风能。荷兰艺术家泰奥·杨森制作了一个能够自主行动的风力步行机器人，称为Strandbeests或"海滩动物"。这个机器人由多对利用塑料管制成的腿组成，它们可以步行穿越沙地。足够接近大海时，机器人上一个称为"触角"的细管就会沿着地面拖曳并吸食海水。这个操作会导致机器人的"大脑"被重启，并使机器人返回到陆地上。泰奥·杨森将简单的想法以复杂的方式组合起来，使他的作品看起来更接近生活也更接地气。

要知道的词

原子能：从原子中所获得的能量。

伺服电机：具有一些传感机制以校正其性能的自动装置。

原子能

早期依赖太阳能的火星探测器存在一个问题——当太阳能电池板上积的灰尘太厚时，它们就会因为失去电力而被困在原地。因此，美国宇航局想出了一个解决方案。他们为"好奇号"和"Mars 2020 Rover"火星车装备了核发电机。这种核发电机使用原子核分裂时释放的原子能发电，可以为火星车提供巨大的动力。

电机如何工作

电机通过使用电磁体的特点来工作。当电流通过电线时，电线会变得具有磁性。但是，电磁体与永磁体产生磁性的原理不同，你可以通过关闭电源来控制电磁体的磁性。在电机中，电机的轴——电机中旋转的部分——缠绕了若干电磁线圈。电机轴的周围分布着一圈永磁体。对于所有磁体而言，都有一个"N"极和一个"S"极。

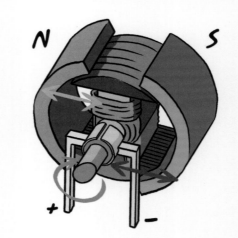

当你将一块磁体靠近另一块磁体时，它们相反的两极会互相拉近，而相同的两极则会相互排斥。打开电机，当电流通过线圈，电磁线圈就会和它们周围的永磁体相互作用。这种相互作用会使电机的轴发生旋转，直到你关闭电源，电机才会停止转动。

电力系统

机器人中能够使其发生移动的部件都称为驱动器，通常机器人制造商会使用几种不同类型的驱动器。

电机一般会通过齿轮与机械部件相连。齿轮是带有互相啮合的齿的轮子，它们可以将电机的旋转运动传递给机器的运动部件。巧妙运用齿轮，还可以使运动部件的运行加快或者减慢。

一个六条腿的机器人每条腿上都可以有一个伺服电机，通过编程可以使每条腿独立运动或者六条腿一起运动。

许多机器人使用一种特殊的电机，称为伺服电机。伺服电机有一个反馈系统，它可以告诉机器人的控制器电机的轴已经向左或者向右转动了多远距离。在机器人的手臂抬升过程中，伺服电机还能控制其升到某个点时立即停下来。

机器人

要知道的词

液压系统：指以液态流体为介质的传动或控制系统。

气动系统：利用空气的状态变化及流动传送动力，对负载施加力，并驱动负载运动的系统。

电磁阀：用电磁控制的工业设备，是用来控制流体的自动化基础元件。

形状记忆合金（SMA）：一种受到机械应力或温度变化时会发生相变的合金材料。该材料会"记住"它的初始形状，并在条件恢复正常时恢复到原来的形状。

磁力

2017 年，哈佛大学研究人员使用形状记忆合金线圈制造了一个硬币大小的机器人，它无须电池或者电机即可移动。该机器人有可以弯曲的小铰链和可以开合的微型抓手。通过在形状记忆合金线圈附近放置电磁体使线圈中的电子流动起来，从而形成电流。

一些机器人还会用到其他类型的驱动装置。液压系统依靠液体介质（水或油）的静压力，完成能量的积压、传递、放大。液压系统非常强大，工业机器人在提升重物时就需要用到它。

气动系统与液压系统类似，但是它们使用空气或其他气体而不是液体。它们比液压系统更安静，但不如液压系统强有力。气动系统经常被用于开合机械手。无论是液压系统还是气动系统都需要使用电磁阀来实现设备的自动化。

形状记忆合金（SMA）线能够驱动柔软的、微小的，或者由纸和织物等轻质材料制作的机器人。这种线由特殊的合金材料制成。它可以在温度较高时呈现一种形状，在温度较低时呈现另一种形状。当电流通过形状记忆合金线时，形状记忆合金线会逐渐发热；当断开电流时，形状记忆合金线又会逐渐冷却下来。

第三章　驱动器：使机器人动起来

　　2019 年，密歇根大学的学生用带有襟翼的橡胶盘制作了一个机器水母。为了让机器水母能够游动，他们用形状记忆合金线制作成弹簧，当控制这种弹簧不断伸缩时，与之连接的襟翼就会随之上下摆动，就像水母一样。

机器人出行

　　一些机器人，尤其是工厂里的机器人，往往被设计在固定的位置上，人们需要在它们附近处理工作。　另外有一些机器人能够四处移动，前往需要它们的地方，这类机器人最常见的移动方式往往会用到轮子。

美国宇航局的火星车需要依靠轮子移动。
图片来源：NASA/JPL

机器人

要知道的词

稳定性：某物在其适当位置上的稳定程度。

进化：一般用以指事物的逐渐变化、发展，由一种状态过渡到另一种状态。

还有一些靠飞机的机器人。

两轮平衡机器人包括我们熟知的平衡车。这类机器人有传感器和控制装置，使得机器人能前后移动，以控制其身体不会倾斜得太多。三轮或四轮机器人可以像汽车一样四处行驶。为了获得额外的稳定性，有些机器人还会配备四个以上的轮子。坚固耐用的军用机器人经常像坦克一样依靠履带出行。

用两条腿走路对人类来说可能是很容易的，但是对机器人来说却十分不易！当我们移动时，我们的大脑会自动调整我们的身体，防止我们摔倒。而要让机器人在站立、行走、跑动或上楼梯时也能保持平衡，就需要进行大量复杂的编程。

微型拖车！

2010 年，斯坦福大学的研究人员设计了一种名为 Stickybot 的能够爬窗户的机器人。它有类似于壁虎一样的脚，可以粘在光滑的表面上，但很容易脱落。2016 年，斯坦福大学的学生使用这种壁虎脚设计又制造了一个火柴盒大小的微型拖车机器人，它能够拉动自身质量 2 000 倍的物体。六辆微型拖车机器人就足以拉动一辆 2 吨重的汽车！

ASIMO 是著名的步行机器人之一。本田汽车公司于 2000 年开发了它，并在一些教学活动中对它进行了展示。波士顿动力公司开发的 Atlas 机器人则更进一步，在 2017 年，Atlas 机器人就已经能跳到大箱子上并进行后空翻。

所有这些机器人的能力都是为了完成某一项任务。机器人究竟是如何举起和搬运物体，或者在以什么方式改变它们周围的世界？我们将在下一章对此进行讲述。

Atlas 机器人。
图片来源：DARPA

让我们也动起手来！

在计算机芯片使机器人编程变得容易之前，许多机器人爱好者都喜欢制作以太阳光为能量来源的 BEAM 机器人。这些机器人的电路由简单的组件构成。它们会使用电容存储能量。当电容充满时，它会一次性释放掉所有能量，让机器人像活体生物一样跳跃和移动。机器人物理学家马克·蒂尔登于 1989 年提出了 BEAM 机器人的想法。他认为这些机器人都是原始生命形式，可以随着人们各自开发自己的版本而不断进化。许多 BEAM 机器人看上去就像是小虫子或小型机械设备。现在你仍然能购买到像 BEAM 机器人一样工作的机器人模块和玩具。

被动微型
行走器

　　一些机器人模型不需要用到电机或驱动器就能移动。它们可以使用重力！机器人专家称这种模型为被动行走器。我们只需将它放在稍微向下倾斜的表面的最上端，重力就会使其在这个表面上行走起来。这种行走方式不仅节能，而且看起来也更自然。以下是制作一个小型被动行走器的一种方法。

　　1. 按照右侧所示的图，用卡片纸制作两个"L"形腿。 裁剪出两条大约 8 厘米长、4 厘米宽的纸带，从每条纸带的一个角，裁剪出一个 6 厘米长 1.5 厘米宽的部分。重要提示：当你制作腿时，请确保这两条腿相互匹配，以便你的行走器能够用脚平衡地站立！

　　2. 用铅笔在两条腿如图所示的位置上戳一个洞。 将一根木棍插入孔中。确保两条腿都可以来回自由摆动。如果不行，就把洞戳大些。

工具箱！

○ 卡片纸
○ 削尖的铅笔
○ 约 25 厘米长的细木棍
○ 一小片工艺泡沫（即剥即贴的最好）
○ 木制或塑料制的珠子，直径约 1.5 厘米，珠子上孔的大小足以让珠子穿到木棍上
○ 约 7 厘米长的迷你工艺棒
○ 用于制作坡道的一大块厚纸板
○ 用于制作步行路径的胶纸带（可选）

故障排除提示

　　检查你的机器人，确保以下内容都是可实现的：

> 双腿可来回自由摆动
> 珠子不会在木棍上滑动
> 双脚有抓握测试坡道的摩擦力
> 身体在杆的中间保持平衡

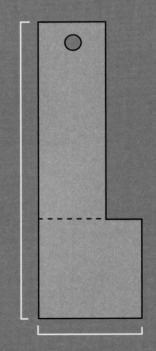

3. 将一个珠子穿过木棍并滑到木棍的中间。让"脚趾"指向你，将一只脚向外折叠到左边，将另一只脚向外折叠到右边。

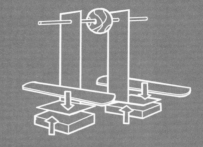

4. 描出并切下两块与脚尺寸相同的工艺泡沫。将工艺泡沫粘贴到每只脚的底部以增加摩擦力。让行走器站起来。使用胶棒在每只脚的顶部贴上一个迷你工艺棒，紧挨着腿。工艺棒应该在前面稍微突出一点，就像滑雪板一样。它增加了质量，有助于腿部摆动。

5. 对于"肩部"，将两个珠子分别滑到腿外侧的木棍上并固定它们的位置。这两个珠子应该几乎碰到腿了。留出足够的空间让腿能够来回自由摆动。如果珠子没有固定住，就用橡胶带、束线带或小段胶带缠绕在木棍上，以防止珠子来回滑动。

6. 对于"手"，在木棍的每一端再放置一个珠子。末端的质量有助于机器人在行走时来回倾斜。如果珠子没有固定住，就用橡胶带、束线带或小段胶带固定它们。

7. 用一块板做一个倾斜的测试坡道。要测试行走器，请将其放置在坡道的顶部，然后轻轻敲击木棍的一端。行走器在其下坡的时候应该会左右倾斜。

尝试一下！

尝试不同的尺寸和形状，或者使用你手头上有的其他材料。你也可以试着用四条腿而不是两条腿，给行走器增加膝盖，或者连上摆动的手臂为每一步都增加能量。

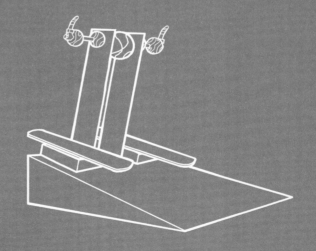

第四章

机器人如何做事

你是如何和身边的一切互动的？是用你的脚去踩，用你的手去抓，还是用你的肩去扛？机器人也需要能够举起东西、搬运物品或以其他方式与周围环境互动的部件——这些部件被称为效应器。

效应器可以是机械臂、机械抓手、攻击性武器、灯泡，或者扬声器等。另外，在工业机器人的机械臂上，还安装有喷漆枪或焊接工具等效应器。美国宇航局的"勇气号"和"机遇号"火星车上安有一种能够在火星表面研磨获取岩石样本的效应器。

会画画的机器人，包括前文提到的艺术机器人，通常将笔作为它们的效应器。Eggbot同样也是一款利用笔作为效应器的可编程机器人，它能够在蛋壳上绘制图案。

核心·问题

为什么很难制造出像人类手臂和腿那样好用的机器人效应器？

对于家用机器人，它的效应器可以是吸尘器、除草机刀片，或者拖把。在智能家居中，效应器可以是顶灯、立体声音箱系统或其他内置了远程控制系统的家用电器。

能够放大用户动作的动力外骨骼是另一种效应器。ReWalk 外骨骼能够帮助残疾人更加自然地运动。还有一些外骨骼可以赋予普通人额外的力量和速度。

机器人"钢铁侠外套"走进我们的生活还有很长的路要走！它的早期版本不够灵活且过于沉重。较新版本的外骨骼（EXOSKELETONS）能使身体的一部分移动并且更轻。

科特妮博士在哈佛怀斯研究所从事勇士战衣（Warrior Web）物理增强服的研究工作。
credit David McNally, Army Research Laboratory

机器人

自由度

机器人的效应器和它能够移动的部分通常具有不同的自由度。一个只能上下移动的机械手臂有一个自由度；如果它还能左右移动，那么它就有两个自由度；如果它还能以一个独立轴旋转，那么它就有三个自由度。

实现机器人每个方向上的移动通常需要一个关节和一个驱动器来支持。关节允许机器人的某些部件以一种或者多种方式移动。

通常，具有三个自由度的机器人手臂可以触及其周围不远处的绝大多数物体。另外，更多的自由度会使机械臂的动作更加灵活。

帮助孩子走路的机器人

美国国立卫生研究院研究出的机器人外骨骼也许有一天会帮助脑瘫儿童更好地走路。它仅在有需要的时候为患者提供支撑。2017 年参与外骨骼测试的儿童仅在外骨骼的支持下就已经能够自主行走了。

增加过多的自由度也会导致一些问题。因为每额外增加一个自由度，就会让机器人的制造变得更复杂。所有不同方向的运动都必须提供动力和得到控制，以便机器人的各个部分可以一起协调工作。这就是为什么许多机器人使用更加简单的设计的原因。例如，一些机器人的机械手一般采用由单个电机控制的电缆将手指拉拢，类似于人手上的肌腱。

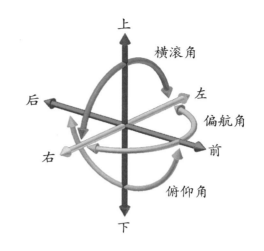

上
横滚角
左
偏航角
后
前
右
俯仰角
下

> 国际空间站上的 Canadarm2 机械臂有七个自由度。

现在我们知道机器人是如何影响它们周围的环境了——但它们如何知道将它们的效应器移动到哪里呢？如果没有传感器，它们就会迷路。我们将在下一章中了解更多这方面的信息。

软体机器人的效应器

软体机械臂、仿生腿和机械抓手可以让机器人在没有关节的情况下也能四处移动。一家名为 Festo 的德国公司制造了一种仿生处理助手，它可以像大象的鼻子一样翻卷和弯曲。它的机械臂有 13 个气动驱动器和 11 个自由度。但是整个机器人都是由软塑料环制成的，所以没有关节。在这个"象鼻"的末端是一个有三个指头的机械抓手。

机械手

这种纸板机械手的工作原理类似于本书的引言中提到的 e-NABLE 项目志愿者制作的索控手。它使用拉绳使手指逼真地完成开合操作，会通过举起一辆模型车来测试这个机械手的抓举效果。

1. 以下图为参考，为你的机械手制作零部件。

* 裁剪出一个边长为 10 厘米的正方形纸板制成你的机械手的手掌。

* 裁剪出四个矩形，每个 2 厘米宽，9 厘米长，制成它的手指。

* 裁剪出一个 3 厘米宽、6 厘米长的矩形制成它的拇指。

* 用记号笔画出水平线，将每个手指分成若干个 3 厘米的小段。这些水平线就是关节。

2. 如图所示布置你的机械手。

3. 沿着关节线将手指切成段。重新组装，在段与段之间留出一点空间。

4. 使用胶带将各个手指部分相互连接，并将手指连接到手掌，确保每个部分之间保留一点空间。将正面和背面都贴上胶带以增加强度。

5. 将吸管切成 19 小节，每小节约 1.5 厘米长。在手的内侧，在每个手指段和每个手指下方的手掌位置都用胶带粘上一小节吸管，如图所示。如果需要，请对胶带进行修剪。

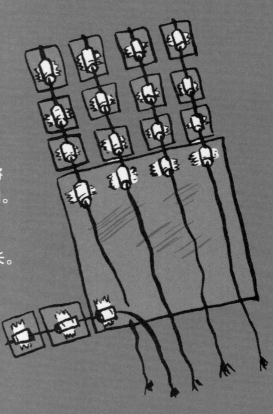

6. 将每个手指上的吸管用一根绳子穿起来。 可以用钩针帮助你将绳子穿过这些吸管。将绳子的末端粘在手指尖上，而绳子的另一端则自然松垂。

7. 拉动绳子，使手指向内弯曲。 只要稍加练习，你就能让你的机械手用非常逼真的手势指向或捡取物体。

拉

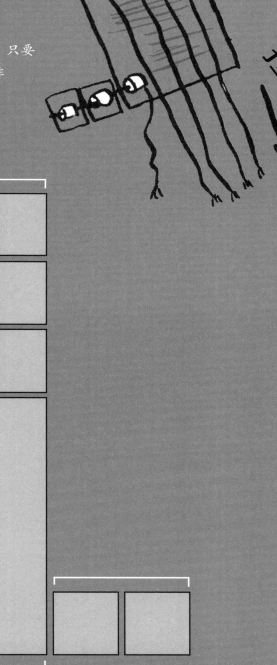

第五章

传感器：发生了什么事？

　　机器人，和其他生物一样，需要用它们的"感官"来弄清楚周围发生了什么。对于人类来说，我们的感官包括视觉、听觉、触觉、嗅觉和味觉。

　　机器人传感器的工作原理与我们的感官非常相似。它们接收信息并将其转换为机器人大脑可以理解的电信号。传感器收集信息的过程称为输入。机器人的"大脑"接受输入并根据其设计或程序决定该做什么。然后，机器人使用其效应器做出响应。这种响应过程就被称为机器人的输出。

　　机器人传感器可以像操作机械开关一样简单。例如，机器人正面的操作杆或按钮就可以充当接触传感器。当机器人撞到什么东西时，操作杆就会被带动，此时与操作杆连接的传感设备就会通知机器人有东西挡路了，于是机器人通过信息处理后就可以改变前进的路线。

核心·问题

　　为什么机器人需要这么多不同种类的传感器？

其他类型的传感器

倾斜开关是另一种简单的传感器。其中一个类型是由一根管子组成，里面有一个小金属球。当它朝一侧倾斜的时候，金属球滚落到管子的末端并接触到两根电线，这个能导电的金属球会将两根电线之间的间隙填充起来，形成一个闭合的电路。收到这一信号，表明机器人已经倾斜得太多了。

电子传感器通过将外部条件的变化（例如温度或光照水平）转换为电信号来工作。电子传感器并不是简单的开合开关，它能够告诉机器人很多重要的信息。

加速度计就是电子传感器的一个例子。它是一种电子倾斜传感器，但它不仅会在机器人倾斜时发出警报，也会监控机器人倾斜的程度以及向哪个方向倾斜，甚至可以用于检测振动和其他运动。

加速度计通过测量拉动它的力的大小来做到这一些。这些力既可以是将其拉向地面的重力，也可以是其突然向前或向后移动时所感受到的力。想一想当你在电梯中上下或火车启停时所感受到的这些力。

当你将智能手机侧向转动时，手机中的加速度计就会感应到变化，通过旋转显示屏上的图像来匹配观察者的视角。游戏控制器使用加速度计能感应到你扭动和转动它的方式。当汽车在发生碰撞时，加速度计会立刻激活汽车里面的安全气囊。

要知道的词

电阻：电流通过某种材料或者电路中某个部件的困难程度的量度。绝缘体有非常高的电阻。可变电阻器可以根据一定的条件改变电阻值。

LED：许多电子设备都使用的微型灯泡。

紫外线（UV）：一种波长比可见光短的光，也称为黑光。

加速度计可以通过多种方式将力转化为电信号。其中一些加速度计在受力挤压时产生电，是因为它采用了一种特殊材料。还有一些加速度计会用到两个微型带电的导电板，当外力使这两个导电板更近或者更远时，导电板之间的电场改变，进而产生电信号。

你知道机器人看到了什么吗？

一些机器人使用光传感器充当电子眼。光传感器能够让机器人感知外部环境的明暗情况。光敏电阻是一种常见的光传感器。电阻器，简而言之是一种阻碍电路中的电子流动的电子元件。电阻越大，电子的流动越困难。

微型加速度计。
图片来源：Simon Fraser University (CC BY 2.0)

　　光敏电阻是一种用化学物质制成的电子元件，这种物质在光线照射时，其电阻值会减小，而且光照越强，它对电流的阻碍作用也就越小。光敏电阻的这种特性能够使机器人在不同的光线下做出不同的行为。

　　有时，LED——一种微型、超级高效的灯泡——也会被用作光探测器。当电流通过 LED 灯时，LED 内部的材料就会发出光。如果我们把光照射在不亮的 LED 灯上，情况又会怎样呢？LED 灯会将光信号转化为电信号。LED 灯的这种特性可成为机器人感知外界变化的感应器。

　　许多动物具有感知那些人类无法感知的事物的能力。机器人也有这种能力，因为它身上有许多不可思议的传感器。你可以看见黑光灯发的光吗？那种光源于黑光灯内部产生的紫外线（UV）辐射。

> 紫外线光对人类而言是不可见的，但一些昆虫和鸟类利用来自天空的紫外线来帮助它们弄清楚自己所在的位置，甚至是在天空昏暗或者多云的时候。

把植物作为光传感器

　　2018 年麻省理工学院研究员哈普瑞特·萨林制作了一个名为 Elowan 的盆栽机器人。这个装在盆子里面的半机械植物有一个带轮子的底座，便于其在有必要时移动到阳光充足的地方。每当光线照射到某一片树叶上，植物就会向它的机器人"大脑"发出信号驱动底座朝光照的方向移动。在一次测试中，通过控制两盏台灯的开关，实现了 Elowan 在它们之间来回的移动。

机器人

2017 年法国科学家设计了一种六条腿的机器人 Hexbot，它采用一种紫外线传感器帮助其定向。紫外线也能使某些化学物质发出特殊的光——荧光，因此，水下机器人还可以利用紫外线传感器搜索泄漏的石油，安保机器人利用紫外线传感器来搜寻某些爆炸物。

红外线（IR）对于我们来说，也是不可见的，但我们仍然能感受到红外线——因为红外线能产生热量！有些动物能够"看到"不同的温度，就像我们能够看到不同的颜色一样。例如，响尾蛇在它的鼻子附近有一个红外热感应颊窝，它能够帮助响尾蛇在天黑后猎杀恒温动物。

> 饭店里的红外灯可以帮助食物保温。

这个机器人的面板上有一个照相机、两个超声波传感器和四个红外线传感器。

图片来源：Michael Hicks (CC BY 2.0)

　　机器人也能像响尾蛇那样利用红外传感器来感知热量，除此之外机器人还能通过红外线来传输信息。例如，乐高 Mindstorms EV3 机器人套装可以发出一个让机器人跟随的红外归航信标。此外，通过向机器人集群发送红外信号，一次就能够对超过一千个 Kilobot 机器人进行同时操控。

我在路上了

　　除了紫外线和红外线传感器，我们还有很多其他方法让机器人了解它们身处何处，周围有什么。

　　声波传感器，也称为声呐，它可利用人听不见的声波来判断目标物体的距离。蝙蝠和鲸鱼就是使用声呐对物体进行定位，前者发出的是超声波，后者发出的是次声波。它们先发出声波，然后接收回声，回声返回的时间越久，那么目标物体的距离越远。

许多汽车会使用声波传感器，在它们距离其他汽车过近时会发出信号提醒司机。

这辆自动驾驶汽车上有多种传感器。
图片来源：Steve Jurvetson
(CC BY 2.0)

机器人

要知道的词

雷达：一种向目标物体发射微波或者无线电波，并通过测量这些波反射回来所需的时间来侦测目标物体距离的设备。

激光雷达：一种向目标物体发射光束，并通过测量光反射回来所需的时间来侦测目标物体距离的设备。

放射性：元素从不稳定的原子核向稳定的原子核转变时，自发放出核辐射的一种现象。

机器人也可以使用其他类型的波来测量距离。如乐高 Mindstorms EV3 机器人采用光波（红外线）测量距离。雷达通过发射微波或者无线电波来探测目标物体的距离，而激光雷达通过发射激光束探测目标物体的距离，它们的工作原理都以回波技术为基础。许多机器人都配备了摄像头和麦克风，这些设备既可以作为传感器，也可以充当人类的千里眼和顺风耳，如谷歌公司的自动驾驶汽车 Waymo 就使用了麦克风作为它的传感器。

究竟在哪里？

　　机器人使用与我们一样的定位设备，但是那些设备通常是内置的。机器罗盘可以告诉机器人它当前的朝向，类似于徒步旅行者使用的指南针。机器人还会通过全球定位系统（GPS）来确定它在地面的位置。

　　东芝公司和一个国际研究小组共同设计了一个名为微型翻车鱼（Mini-Manbo）的机器人。它的主要任务是对 2011 年被海啸破坏、洪水淹没的日本核电站进行搜索。2017 年，微型翻车鱼机器人发回了因当初核电站被破坏而无法确定位置的放射性铀燃料的信息。

　　移动远程呈现机器人也以同样的方式工作。在一些城市，那些因生病不能去学校的学生可以使用远程呈现机器人来实现在家听课。通常这些机器人看上去就像是安装在滚动支架上的平板电脑。

迪士尼的 Stuntronics 机器人

　　迪士尼主题公园因其卡通电子角色而闻名于世。2018 年，该公司宣布他们正在开发一种名为 Stuntronics 的杂技机器人。先进的机载传感器允许机器人向空中纵身跃起 18 米左右。屈膝收腿，翻筋斗，然后再完美着陆。

2017 年，马里兰州 11 岁的克洛伊·格雷因手术在家休养数月，她使用了双机器人的遥现技术和她的同学们在一起画画、音乐排练，或是吃午饭。

机器人触须

　　老虎、海豹和老鼠都会利用它们的胡须来感知它们遇到的东西。机器人也可以使用人工触须作为触摸传感器。无论是在黑暗或有灰尘的地方，还是在水下，人工触须都会比光传感器或照相机工作得更好。如果人工触须坏了，相比其他传感器，更换它们也更便宜。美国宇航局就考虑在火星探测器上也增加人工触须！

　　2018 年，一家名为"阿凡达咖啡馆"的店铺尝试性使用了可以在家操控的远程呈现服务系统。这套系统可以协助行动不便的人远程接单，完成食物配送——由此帮助特殊人群赚取薪水。

　　以上介绍的所有传感器都有助于机器人与周围的环境进行交互。但是，机器人是如何利用传感器提供的信息来帮助其做出行动决策的呢？下一章我们将深入探讨机器人的控制器！

一个移动远程呈现机器人。

倾斜
传感器

制作一个能够用LED灯指示倾斜方向的简易倾斜传感器。

1. 将索引卡对折，确保折叠后的长边能重合。 在折叠卡的外侧，一侧标记为正极（＋），另一侧标记为负极（－），然后打开卡片。

2. 剪下四条铝箔胶带，每条胶带5厘米长，1.5厘米宽。 将它们折叠粘贴在卡的长边的四个角上。确保电池在折叠卡内滚动时可以接触到铝箔条。

3. 切下一条与卡片长边长度相同、宽度约0.5厘米的工艺泡沫。 将其粘贴在卡的一个长边上。

4. 将卡合上。 使用透明胶带将两个LED灯正极（较长）导线分别固定到卡的外侧正极一侧的两个角的箔带片上。对卡的另一外侧上的LED灯负极导线进行同样处理。

5. 将电池放入卡内，电池的正极朝向卡的正极侧。 用胶带把卡的各端的缝隙封好。然后，尝试前后倾斜这个传感器，当电池滑到卡的两端时，那端对应的LED灯就会亮起。

尝试一下！

你能否对这个倾斜传感器进行改进，使其效果更佳？或者，不使用LED灯，而是连接其他的小型电子设备，如振动电机或者蜂鸣器。

工具箱！

- 索引卡，或大约8厘米 ×12厘米的薄纸板
- 铝箔胶带或厨房锡箔纸和胶棒
- 即剥即贴工艺泡沫
- 2个LED灯
- 3V纽扣电池

压力
传感器

压力传感器是一种触摸传感器，压力越大，通过电路的电流就越大。当机器人的手脚都装上压力传感器，我们就能判断出它握住物体时的松紧，或是它何时将脚掌接触到地面。在本活动中，你将利用铅笔线作为压力传感器的控制器来调节 LED 灯。轻轻按下，LED 灯发出的光昏暗并在闪烁，用力往下按，则 LED 灯发出的光稳定且明亮。试试吧！

1. 将纽扣电池插入 LED 灯的金属导线之间，确保 LED 灯能正常工作。电池正极（＋）必须面向 LED 灯较长的导线。

2. 将索引卡的一个短边折叠到大约索引卡中间的位置，然后展开卡。

3. 剪下两条铝箔胶带，大约为 1.5 厘米宽，长度几乎从另一短边达到折叠处。将铝箔胶带粘贴到卡上，确保两条胶带之间给 LED 灯留下了空间。将左侧胶带标记为负极（－）和右侧胶带标记为正极（＋）。

4. 拿起铅笔，在折起后较短部分索引卡的内侧画上浓厚的条纹。当你折起卡片时，这些铅笔线就会将两条铝箔胶带连接起来形成闭合电路，于是电子就可以移动了。

5. 取出电池，正极（＋）侧朝上，将其放置在一条铝箔胶带的顶部，如图所示。当底部折叠

- 3V 纽扣电池
- 1 个 LED 灯
- 索引卡，或大约 8 厘米 × 1.5 厘米的薄纸板
- 铅笔
- 铝箔胶带（或厨房锡箔纸和胶棒）
- 透明胶带

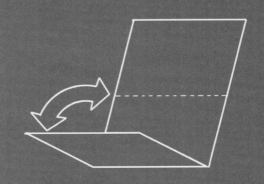

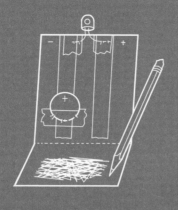

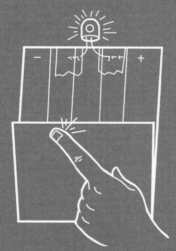

部分折起时，铅笔线就会接触到电池。使用透明胶带穿过电池的下半部分将其固定到卡上。确保铅笔线能够接触到电池裸露的部分。

6. **手持 LED 灯，使其正极（较长的导线）朝向右侧。**小心地将 LED 灯的两根导线向两侧朝外弯曲。使用透明胶带将 LED 灯的正极引脚连接到右侧铝箔胶带上，将负极引脚连接到左侧铝箔胶带上。确保两个引脚都被正确连接。

7. **将卡底部的折叠面向上折起。**现在，通过按压卡底部的折叠面来测试压力传感器。如果 LED 灯亮起，你可以用胶带将卡底部折叠面的侧边都封起。尝试使用不同大小的压力使 LED 灯更亮或更暗。如果 LED 灯不亮，请检查所有的连接是否良好，以及 LED 灯和电池是否连接正确。

铅笔的神奇之处

　　普通的铅笔也具有有趣的特性。铅笔"芯"是石墨（导电材料）和黏土（不导电材料）的混合物。这意味着铅笔线可以传导电流，铅笔线接入电路的多少影响着电流的大小。2018 年，澳大利亚研究人员用纸和铅笔制作了一个压力传感器原型，当它被挤压时可以让更多的电流动。他们将传感器连接到机器人的手上，并用它测量机器人挤压橡胶球的力度。

第六章

控制器：
机器人如何思考

　　一个没有安装电子设备的简易机器人或许能以接近真人的方式移动，但要让它自己判断做些什么，它还需要一个"大脑"。机器人配备的计算机或电子控制器能接收来自传感器传输的数据，并通过分析这些信息来决定机器人应采取怎样的行动。

　　最早的计算机——包括那些内置在机器人中的——都是用真空电子管制造的，这些真空电子管看上去就像是一些细长的灯泡。真空电子管的缺点是占据很大的空间且会产生很多热量，早期的真空电子管计算机可以填满整个房间，但性能还不如今天的一部智能手机！

核心·问题

　　机器人的计算机程序与一套循序渐进的指令序列有什么不同？

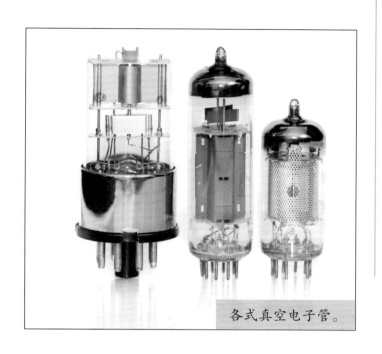

各式真空电子管。

晶体管于 1947 年被发明，它的出现使现代计算机和智能机器人应运而生。晶体管是一种由硅等半导体材料制成的电子元器件。它比真空电子管更容易使用，也更不易碎。

ENIAC 计算机，20 世纪 50 年代初。

机器人

要知道的词

微处理器：一种可以处理和存储信息的微型电子元件。

Wi-Fi：创建一个无线局域网使得某些电子设备实现无线联网。

蓝牙：实现移动电话、计算机和其他电子设备的短程无线互联技术。

内存：计算机存储信息的部件。

今天，数以百万计的晶体管可以被集成到一小块硅片上，它们被称为微处理器或计算机芯片。微处理器自 1958 年被开发以来，已经成为计算机中最重要的组成部分。它们价格低廉且便于携带，以至于从玩具到汽车再到电视机，几乎所有的电子设备中都能找到它们。在微处理器中，所有的晶体管和其他元件都被整合在一起，挤在一个只有指甲大小的方形硅片上。

随着科学家们研究出如何将更多的计算能力封装到越来越小的芯片上，使得机器人拥有更多的自主性成为可能。目前大多数机器人都装有某种类型的机载计算机。

科学家们并没有止步于此，他们还在不断寻找能够使他们的机器人更智能、更快速、更酷炫的新技术。其中的一种方法是使用无线信号（如 Wi-Fi 和蓝牙）将机器人与外部计算机或控制设备相连。

小伙伴

Cozmo 机器人是一款可爱的迷你推土机，它有一张动画脸，可以玩游戏、交谈甚至能识别出家庭成员和宠物。虽然它有一个内置的小型计算机来控制其运动，但是所有这些复杂的过程都是当你的智能手机或平板电脑连接 Wi-Fi 后，通过一个特殊的应用程序来完成的。Cozmo 一直都是最畅销的玩具机器人之一，直到生产它的公司 Anki 于 2019 年倒闭。

微控制器大脑

微控制器是一种简易的微型计算机，它可以被制成邮票大小，也可以有扑克牌那么大。微控制器内置了微处理器和一些输入输出设备，如光传感器、扬声器、内存。微控制器可以被编程，但是它的内存仅能存储不多的指令。即便如此，微控制器也能成为初级智能机器人优秀的"大脑"，使机器人能以非常复杂的方式行动！

微控制器编程

计算机的功能很强大，它非常擅长解决可以用数学方法表达的简单问题，如一个数字比另一个大还是小。它的计算速度也快得惊人，它每秒钟可以完成数十亿次计算。

Arduino 微控制器板由意大利大学生团队开发，并于 2008 年向公众发布的。它的推出受到了想要快速制作原型机器人的人的欢迎。由于它是开源的，因此，许多其他的微控制器都以它的设计为基础进行开发。

Micro:bit 微控制器

2016 年，英国广播公司的广播服务部门向英国每一名七年级学生（11 岁到 12 岁）免费提供了一个 Micro:bit 微控制器，以帮助他们学习编程。现在全世界的学生都可以使用这个微控制器，它内置有加速计、光传感器、蓝牙和红色 LED 栅格屏，可用于简单的机器人编程。

机器人

想要根据传感器的输入使机器人明白下一步应该做什么，计算机需要先选取由传感器产生的编码，并将它与设置好的编码进行比较。然后，计算机会搜寻对应的程序，并按此程序中编写的步骤执行指令。

编写程序最重要的部分是，将你希望计算机执行的内容分解为简单的步骤。省略了一步，计算机就无法继续工作或者会把事情做错。跟踪程序中所有步骤的一种方法是从制作一个流程图开始的。

编写代码的人被称为码农、程序员或是软件工程师。

假设你想对机器人进行编程，让它能够跟着光走，你的流程图应该有一个判断框，内容为"前方有灯光"，如果答案是"真"，那么程序就会告诉机器人继续前进；如果答案是"假"，那么它就会让机器人转向。在这个程序里，你应该像这样写，"if 前方有光，then 继续前进，else 转向。"

这就叫作条件语句。它的结果取决于是否存在一定的条件——在这个例子里，就是前方是否有灯光。它也被称为"if-then-else"语句。

条件语句本质上就是布尔逻辑的实例。由于计算机只能理解"开（1）"或者"关（0）"，所以每个判断都必须是一个有真或假答案的问题。于是，每个答案也都可以被翻译成二进制代码：1 或者 0。

在计算机中，这个过程是利用一个带有逻辑门的电子电路来完成的。逻辑门接收一个或多个输入信号，分析它们，然后产生输出信号。最常见的逻辑门是"NOT"（条件为不真）、"AND"（有两个条件且两个条件都为真）和"OR"（有两个条件且其中至少有一个条件为真）。

程序员编程时会使用一些技巧来节省空间，让代码更容易被理解。一个编程的快捷方式是采用函数，函数由一系列小指令组成。有了函数，程序员就不必一次又一次地编写相同的代码，他们只要在需要这些代码的地方简单地写上函数名即可。

即使是最复杂的计算机程序也可以使用这三个逻辑门和它们的变体来编写！

机器人

要知道的词

伪代码：一种以人类的语言习惯而非专门的编程语言编写的计算机程序。

循环代码：重复执行一定次数直到满足一定条件的代码片段。

二进制系统：只包含 0 和 1 的数学系统。它被计算机用来指示一个开关是打开还是关闭的状态。

代码块：是一组由代码构成的功能"单元"，一个代码块可以单独运行。

标识符：是用户编程时使用的名字，用于给变量、常量、函数、语句块等命名，以建立起名称与使用之间的关系。

```
Call Function [Blink]
Forward 10
Light on 1 second
Light off
End
```

以上是一个名为"Blink"的函数，告诉机器人向前移动 10 个方块，然后将灯光闪烁 1 秒。这个"Blink"函数是用伪代码编写的——它是另一种规划程序步骤的方法，使用的是日常用语而不是专门的计算机语言。

循环代码能让控制器重复执行一条指令或者一套指令序列，直到你介入使它停止。你可以通过指定你希望控制器重复的执行次数来做到指令的循环执行，或者，你也可以添加一个条件判断语句。例如，如果你想对一个机械臂进行编程，将所有的果冻豆从碗里转移到杯子里，然后停下来，你可以编写如下循环代码：

```
WHILE there are jelly beans in the bowl
Pick up 1 jelly bean
Put the jelly bean in a cup
END WHILE
```

这里的循环使用了"WHILE"条件语句。只要条件为真，WHILE 循环就会使代码一遍又一遍地重复执行；一旦条件不成立，循环就会停止，于是程序就能够进入下一步。只要碗里至少还有一粒果冻豆，计算机就会继续返回到循环的开始位置，然后重新执行所有的代码。当碗中果冻豆的数量为零时，循环就会结束。

计算机语言

　　计算机中包含数以万计可以选择打开或者关闭的线路。因为每个线路只有"开"和"关"两个选择，所以计算机采用的语言系统也被称为二进制系统。计算机代码的基础就是数学，如果一个线路处于关闭状态，那么它就用"0"表示；如果它处于开启状态，那么就用"1"表示。对于计算机而言，每个程序最终都会变成一长串的 0 和 1。

　　你能读懂用二进制编写的计算机程序吗？这可不是件容易事！由于人们习惯用文字思考而计算机习惯用二进制代码思考，所以我们需要特殊的计算机语言来和机器人的"大脑"进行交流，那就是编程语言。

流行的编程语言包括 C#，JAVA 和 PYTHON 等。

　　编程语言使用和英语相似的文本指令，但是如果你编写的文本或标点符号有一点点问题，计算机也无法知道你想要让它做什么。这也是为什么许多编程语言的初学者经常会使用代码块或标识符而不是单词的原因。编程时你所要做的就是在计算机屏幕上拖放代码块，这些代码块会像拼图一样拼合在一起。不必输入任何指令，你只要找到所需要的代码块并将它们排列或者堆叠起来即可。

机器人

如果你的计算机程序不能正常运行，那么程序中很可能有错误。Bug 是指代码中的错误，你必须通过"调试"程序来修复它。

2007 年，麻省理工学院计算机科学家米奇·雷斯尼克为儿童开发了免费的在线图形化编程工具——Scratch。它开放了源代码，因此启发了许多其他计算机语言的灵感，产生了众多编程工具，如 Blockly 和 MakeCode。一些机器人运动系统套装和模型也有了它们自己的可视化编程语言。

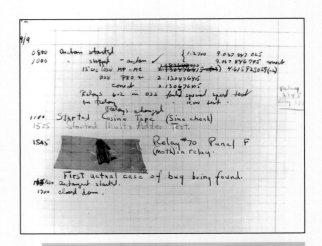

1947 年出现的第一个计算机程序 Bug。

2018 年，Scratch 3.0 发布，它可以用在一些微控制器和机器人运动系统套装的编程上。

乌龟机器人与 Logo 编程

乌龟机器人是一种用来学习有关机器人控制的小型简易机器人。它个头低矮，呈圆形或三角形，它在地板上慢慢滚动的时候，看上去就像乌龟在爬一样。在 20 世纪 40 年代，当计算机还是新生事物的时候，英国一位名叫威廉·格雷·沃尔特的科学家就用真空电子管制造出最早的乌龟机器人。这些乌龟机器人可以利用光线和触觉传感器对周围的环境进行探索。1967 年，麻省理工学院数学家西摩·帕帕特发明了一种名叫 Logo 的语言，通过引导虚拟机器人在计算机屏幕上移动来教孩子们如何编程。

为机器人编程会比为计算机编程更复杂，因为你必须确保机器人的软件与硬件能够一起正常工作！如果机器人运行出现问题，你可能需要通过调整代码来匹配传感器或者电动机；另一方面，你也得改变车身或车轮的设计来确保软件运行正常。找出软件编程和机器硬件之间的最佳结合点也是学习机器人技术过程中的一大乐趣！

人工智能
与机器人的未来

通过编程让机器人"思考"是我们正在做的，但让它能像人一样思考，才是计算机被开发以来科学家们一直在努力实现的目标。现在，我们比以往任何时候都更加接近这一目标。

人工智能就是要弄清楚如何使计算机更加智能的科学，有了人工智能计算机就能自主判断该做什么，从而减少人为的操作。多亏了人工智能，机器人才能够回答我们的问题，才能在城市里发挥它们的特长，甚至学会如何自己编程。

核心·问题

机器人将如何改变我们未来的生活方式？

第七章　人工智能与机器人的未来

早期，科学家们曾试图在不改变计算机思维方式的情况下，让机器人的行为表现也能像人一样。1966 年，麻省理工学院的约瑟夫·魏森鲍姆设计了一个名为"Eliza"的计算机对话程序，其行为表现像是某些疾病的治疗师。每开始一段对话，这个程序就会说："嘿，我是 Eliza，你有什么问题吗？"当你输入你的问题时，它会用一个相关的句子来响应，比如，"请告诉我更多。"

要知道的词

聊天机器人：一种被设计用来与人类进行对话的人工智能程序。

智能语言助手：也称为智能音箱，是一种安装在设备中的聊天机器人，可以回答问题、播放音乐和玩游戏，还可以执行诸如打电话、查找信息和控制家用电器（如电视和冰箱）等任务。

虽然 Eliza 只是一个非常简单的程序，但是，它通过图灵测试系统没多大问题。人们与它对话，就好像在和一个真人对话一样。今天，这类程序都被统称为聊天机器人。

像 Alexa 和 Siri 这样的数字产品助手，也称为智能语音助手，它们都是聊天机器人。它们与你交流得越多，就能收集越多关于你的信息，这也有助于它们了解你喜欢什么，你正在寻求什么帮助。当你要求你的智能语言助手播放音乐时，它总能找到你喜欢的歌曲。

亚马逊品牌旗下的智能语音助手 Alexa。

机器人

要知道的词

自然语言处理（NLP）：人工智能的一个分支，能帮助计算机理解和使用人类的语言。

机器学习（ML）：人工智能的一种形式，可以让你训练计算机去寻找文字和图像意义的线索。你创建的用于分析特定数据的机器学习程序被称为机器学习引擎。

智能语音助手的说话方式和思维越来越像人类。2018年，谷歌推出了Duplex，这是一种安装在手机上，使用自然语言处理（NLP）技术与人类交谈的聊天机器人，为了使它听起来不太像一个机器人，Duplex的设计者在它的对话语言中加入了"嗯"和"嗯哼"这样的语气助词，就像人们在聊天时需要思考时所说的那些词。

与国际象棋高手对弈是测试计算机到底有多聪明的另一种方法。1989年，国际象棋世界冠军加里·卡斯帕罗夫与一台名为"深思"的IBM计算机对阵了两场比赛。他两次都打败了计算机。随后，在1997年，又有一个名叫"深蓝"的改进版计算机与卡斯帕罗夫对决，并取得了胜利！

事实证明，国际象棋很容易被计算机掌握。它们可以对所有可能的对局步骤进行检查，眨眼的工夫就能找出最佳的那一步。

2011年，一台名为"沃森"的IBM电脑击败了智力问答竞赛节目"危险边缘"（Jeopardy）的冠军肯·詹宁斯。要想在这种比赛中获胜，参加者必须具有广泛的学科知识。但是，由研究员大卫·费鲁奇领导的IBM团队所做的不仅仅是用各种信息填满沃森的内存库。他们教沃森如何理解线索，这些线索往往包含着很难处理的措辞和笑话。在最后一轮中，詹宁斯已经不知道答案，取而代之的是，他写下了"我欢迎我们的计算机新霸主"，以此来赞扬沃森的能力。

肯·詹宁斯与沃森比赛的现场画面。

机器学习

　　随着时间的推移，被称为机器学习（ML）的人工智能工具帮助沃森和 Siri 变得更加聪明和智能。机器学习通过给计算机提供大量与搜索内容相关的文字或图片，来训练其找相似线索的能力。这样一来，当计算机在识别新的文字或图片时，它可依据线索，准确匹配其数据库里对应的内容。例如，你给计算机提供了许多狗的图片，那么它将学会通过寻找四条腿和一条尾巴来发现照片里面的狗。为了提高计算机查找的准确性，你必须从不同的角度给它提供更多的不同的狗的图片进行进一步的训练。

机器人

要知道的词

深度学习：机器学习的一个领域，可以使用大量数据找到联系的方法。

云机器人技术：设计需要计算能力或互联网信息才能发挥作用的机器人。

一种称为深度学习的高级机器学习技术，允许计算机处理更大量的数据并以更多方式比较分析它们。深度学习可以找出计算机中复杂的模式规律，提高自身的准确性。深度学习机器能够通过比较狗和猫的脸部和尾巴上的细微差别，找到区分狗和猫的图片的方法。

云机器人技术

想要制造一个拥有像沃森那样脑力的机器人吗？你所需要做的第一步就是使机器人连接互联网。云机器人可以让机器用上世界上其他地方的计算能力。自动驾驶汽车访问地图、天气预报以及实时交通状况，云机器人就是它们的基础。云机器人还可以将机器人与其他机器人连接起来，让机器人能够与人工控制器进行通信。

云机器人技术已经被用于制造玩具，如 Anki 公司的 Vector 机器人。和它的远亲 Cozmo 一样，Vector 的外形就像一辆小巧玲珑且古灵精怪的推土

半机械人的未来？

2008 年，英国工程师凯文·沃里克在实验室里使用了一组大鼠脑细胞，通过蓝牙控制了一个机器人。机器人的活体大脑学会了在不碰撞任何物体的情况下驱动身体四处走动。沃里克——有时也被称为"半机械人船长"——的身体也有些部位被电子化。他手臂上的一个计算机芯片可以使他妻子戴着的一种特殊发生颜色变化，以此向其表达他的感受。

机，但与之不同的是设计者并不希望通过人们的智能手机来操控 Vector 机器人，而是给它内置了具有计算能力的设备。Vector 可以向你展示天气，找到数学问题的答案，并为你提供你最喜欢的名人的新闻，它还可以与亚马逊的 Alexa 智能语音助手连接，控制你家里的灯和家用电器。

社交机器人

对于一些科学家来说，能使机器人像人一样思考还不够，他们想开发具有个性的机器人！因此能够与人一起工作和玩耍的社交机器人被设计出来。社交机器人大多看上去十分友好和可爱。

> 许多研究人员认为，人们与有感情表达的机器人会相处得更好。

1998 年，麻省理工学院的辛西娅·布雷泽尔制造了早期的社交机器人——Kismet。整体上看它是一个模仿人头部的机器人，拥有大大的眼睛，柔软的嘴唇以及可旋转的耳朵。当你和 Kismet 交谈时，它会对你的语调进行回应。如果你说话声音很尖利，它就会看上去很难过。如果你的声音舒缓或欢快，它就会微笑。

另一个要介绍的社交机器人叫作 Leonardo，是一个大耳朵，毛茸茸的机器宠物，由好莱坞特效天才斯坦·温斯顿设计。它用它的小手和身体还有它的脸来表达情感。最近，她的团队又开发了 Tega，一种毛茸茸的、有弹性的机器人，它的脸后面是一部智能手机，可以辅助小朋友学习。

机器人也会利用社交技能来帮助它们自学。当然，它们需要人类的帮助才行。

Tega 机器人可以模仿孩子的表情，从而在机器人和孩子之间建立起友谊和信任。

NAO 机器人和 Pepper 机器人有些相似。它们以接近真人的方式与人交谈和移动。研究人员已经在疗养院使用 NAO 机器人作为治疗师为自闭症儿童提供服务。但有一项研究发现，它们的治疗效果不如柔软可爱的治疗机器人。
图片来源：Salford University (CC BY 2.0)

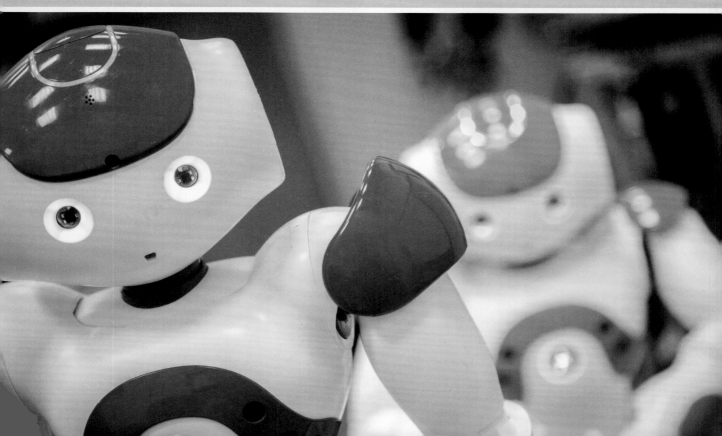

在佐治亚理工学院，机器人专家安德里亚·托马斯开发了名为"西蒙"和"居里"的类人机器人。它们通过观察人们的行为来学习，比如对玩具进行分类，或者把意大利面捞进碗里，然后重复这些动作。如果它们不能理解，它们还可以提问，并要求我们给它解释说明。

机器人对战人类？

设计机器人旨在帮助人们过上更好的生活。但它们真的是我们的朋友吗？

这是麻省理工学院心理学家雪莉·特克尔希望人们问自己的问题。她研究科技影响人们生活的方式，让她担心的一件事是，社交机器人被编程的方式使它们表现得就像喜欢我们一样。倘若一个孩子觉得一个出了故障的机器人在生他们的气该怎么办？人们常常忽略一点，机器人其实并没有真正的感觉。

一些专家担心，人们可能会习惯于到处指挥机器人，从而忘记该如何善待生物。

在亚利桑那州，人们袭击了自动驾驶汽车；而在旧金山，人们又袭击了安保机器人。在日本的一家购物中心里，成群的小孩叫着一个类人机器人的名字，在它周围围成一个圆圈，阻止机器人移动。为了训练孩子们温和地对待机器人，2018 年，韩国的 Naver 实验室制造了一只名为 Shelly 的大型机器龟。当被轻轻拍打时，机器龟会亮起灯并移动它的头和腿，但是当被粗暴对待时，机器龟就会缩进它的壳中。

除了与社交机器人有关的复杂问题外，研究者还有一些关于机器人如何融入人类生活的担忧。

·机器人正在从事一些过去都是由人类来做的工作。

在一些地方，货运司机、仓库工人和医院工作人员已经被机器人取代。一项研究预测，到2030年，全世界将有8亿工人岗位被机器人取代。

·机器人正在侵犯人们的隐私。

通过人工智能和机器学习，机器人的大脑收集了大量关于它们人类主人的个人信息。安保机器人会记录下你在哪里购物，数字助手会记录下你喜欢吃什么。你的robovac扫地机器人可能会把你家客厅的地图发给那些想向你出售商品的公司。

·机器人正在发生事故。

当机器人走出实验室进入现实世界时，它们要面临的问题是方方面面的。加州的一个送餐机器人突然起火了，一个办公大楼的安保机器人掉进了庭院喷泉里，自动驾驶汽车撞上了墙壁、其他车辆和街上的行人。

制作机器人的神童

特斯卡·菲茨杰拉德五岁时就是她的第一个机器人团队的首席程序员。10岁时，她想出了一种独特的方法，可以在团队的机器人中植入更多的代码，这给国际评委留下了深刻印象。17岁时，她开始在佐治亚理工学院攻读人工智能博士学位，并与机器人"居里"一起工作。

设计友好的机器人

工程师卡拉·戴安娜创造了"西蒙"和"居里"的形象。它们的脸用白色的塑料制成，拥有一双大眼睛和一对椭圆发光的耳朵。它们可爱的容貌特征都是为了让人们愿意帮助它们。这位工程师认为，许多机器人都属于社交机器人，即使我们不这么认为。

社交机器人不一定要聪明或看起来有活力才是友好的。2008 年，纽约艺术家凯西·金泽在一个城市公园里放了一个叫作 Tweenbot 的硬纸板"机器人"，看看人们会如何反应。Tweenbot 举着一块牌子，请求人们帮助它到达公园的另一边。许多人停下脚步把 Tweenbot 转向正确的方向，或者当它被卡住时为它清理障碍物；一些人还尝试着告诉它该去哪里，即便它只是一个装有电动轮和拥有一张手绘人脸的硬纸箱。

2008 年，圣路易斯大学的一项研究发现，索尼公司发明的一款名为爱宝（Aibo）的机器狗能够在养老院里陪伴老人，和真正的宠物狗一样，它们也能成为老人的精神寄托。这项研究还表明，对于那些没有能力照顾小动物的宠物爱好者而言，机器人宠物是一个不错的选择。

另一种机器人宠物是一个名叫 Paro 的海豹宝宝，它是专门为疗养院里的老年人设计的。这款毛茸茸的机器人由日本工程师柴田崇德开发，它可以帮助患者在紧张的时候放松身心。Paro 能够识别一些单词，发出像真正的海豹宝宝的声音，并能开心地回应赞美和拥抱。

看护机器人是一类被用来陪伴老年人和儿童的社交机器人。

小朋友正在和宠物机器狗玩耍。

柴田崇德说，他选择让 Paro 看起来像一只海豹，是因为大多数人从未近距离见过真正的海豹。他认为患者更愿意接受机器海豹，而不是机器狗或者机器猫。

机器人肯定会在日常生活中变得越来越普遍，机器人专家们正在努力使它们更安全、更友好、且更有帮助。根据 Roomba 扫地机器人的发明者之一科林·安格尔的说法，机器人技术在过去几年的进步已经超过了之前的 50 年！机器人正在改变世界，而设计和制造机器人的人将在未来发挥重要作用。也许你会成为其中一员！

图书在版编目（CIP）数据

机器人 /（美）凯西·塞切里文；（美）莉娜·钱德霍克图；汪昌健，李思遥译 . —长沙：
湖南少年儿童出版社，2023.6
（孩子也能懂的新科技）
ISBN 978-7-5562-6980-8

Ⅰ .①机… Ⅱ .①凯… ②莉… ③汪… ④李… Ⅲ .①机器人—青少年读物 Ⅳ .① TP242-49

中国国家版本馆 CIP 数据核字（2023）第 053884 号

孩子也能懂的新科技·机器人
HAIZI YE NENG DONG DE XIN KEJI·JIQIREN

总 策 划：周 霞   策划编辑：刘艳彬 万 伦
责任编辑：万 伦   质量总监：阳 梅
特约编辑：徐强平   封面设计：仙境设计
营销编辑：罗钢军

出 版 人：刘星保
出版发行：湖南少年儿童出版社
地   址：湖南省长沙市晚报大道 89 号   邮编：410016
电   话：0731-82196320
经   销：新华书店

常年法律顾问：湖南崇民律师事务所   柳成柱律师
印   制：湖南立信彩印有限公司
开   本：889 mm×1194 mm   1/16   印   张：5.75
版   次：2023 年 6 月第 1 版   印   次：2023 年 6 月第 1 次印刷
书   号：ISBN 978-7-5562-6980-8
定   价：39.80 元

版权所有   侵权必究
质量服务承诺：若发现缺页、错页、倒装等印装质量问题，可直接向本社调换。
服务电话：0731-82196345